湛庐

与最聪明的人共同进化

CHEERS

HERE COMES EVERYBODY

The
# Cosmic Perspective
Fundamentals

# 星空黑洞
# 宇宙学

# 2

Jeffrey Bennett
Megan Donahue
Nicholas Schneider
Mark Voit

[美]
杰弗里·贝内特
梅甘·多纳休
尼古拉斯·施奈德
马克·沃伊特
著

张焕香 范洪 译

浙江教育出版社·杭州

# 你具有现代宇宙观吗?

扫码加入书架
领取阅读激励

- 所有物体，包括人类、行星和恒星，都是由原子构成的，所以整个宇宙也必然是由原子构成的吗？（　　）

  A. 是

  B. 否

- 像任何科学模型一样，宇宙大爆炸模型必须是可检验的，这是它获得广泛科学认可的原因。目前，以下哪项可作为验证大爆炸存在的证据？（单选题）

  A. 黑洞的存在

  B. 银河外星系的存在

  C. 超大质量恒星的存在

  D. 宇宙微波背景的存在

扫码获取
全部测试题及答案，
一起了解科学在宇宙
中迈出的"一小步"

- 除了地球，太阳系还有哪些星球可能存在生命？（单选题）

  A. 火星、木卫二、土卫六

  B. 金星、火星、木星

  C. 火星、木星、土星

  D. 火星、木卫二、土星

扫描左侧二维码查看本书更多测试题

献给所有想了解宇宙奥秘的人。
希望本书能解答大家的疑问，
引发大家提出新的问题，
从而使大家对天文学探索永葆好奇和兴趣。


特别献给迈克拉、埃米莉、
塞巴斯蒂安、格兰特、内森、
布鲁克和安杰拉。


我们对宇宙的研究始于你们出生时，
希望你们成长的世界里没有贫穷、仇恨和战争，
这样所有的人都会去思考所处宇宙的奥秘。

The Cosmic
Perspective
Fundamentals

**目 录**

# 01

## 恒星的寿命有多长

## 妙趣横生的宇宙学课堂

· 为什么恒星会稳定地发光?

· 质量越大的恒星，寿命就越短吗?

· 太阳走到生命尽头时会发生什么?

· 大质量恒星是怎样消亡的?

· 我们如何预测恒星的寿命?

　　章首页背景图展示的是猎户座星云，这是一团孕育恒星的巨大星际云。它在几百万年的时间里孕育了数千颗恒星，这些恒星随后度过自己的一生，恒星的命运由其质量决定。小质量恒星在数十亿年里稳定地发光，命运与太阳相似。而大质量恒星因为光芒四射，在短短几百万年内就会燃烧殆尽，并在巨大的爆炸中死亡，爆炸的灰烬散落在宇宙空间。

　　本章内容，我们将探讨恒星诞生、生存和死亡的方式及原因。同时，你将了解太阳的未来，了解大质量恒星是如何产生"恒星物质"的，人类和地球正是由这些物质组成的。

## Q1　为什么恒星会稳定地发光？

　　大多数恒星在其生命周期的大部分时间里都在稳定地发光。太阳光输出的年变化量小于 0.1%。模型显示，在过去的 45 亿年里，太阳光度的变化不超过 30%。这种稳定的能量输出对地球上的生命至关重要，也许对其他恒星周围的行星上的生命也是如此。是什么使恒星如此稳定地发光呢？要回答这个问题，我们首先要了解恒星是如何诞生的。

## 恒星诞生

恒星是由星际气体形成的，在星云中，向内的引力比向外的气体压力更强。两个因素可使引力战胜气体压力，并引起气体云收缩：（1）密度高，因为气体颗粒紧密堆积会使它们之间的引力增强；（2）温度低，因为气体云温度降低，气体压力就会减小。因此，我们预计形成恒星的气体云要比大多数其他星际气体云温度更低、密度更大。

观测结果证实了这一观点，恒星确实诞生于温度最低、密度最大的我们称之为分子云（见图 1-1）的气体云中。因为分子云温度低，氢原子就可以配对形成氢分子。这些分子云的温度通常只有 10 ～ 30 开尔文。虽然它们的密度仍然很低（以地球上的标准来看，它们可以称得上是超级真空了），但已经是星际空间其他区域密度的数百倍至数千倍。孕育恒星的分子云也往往相当大，它所包含的物质一般来说足以形成数千颗恒星，因为总质量大也有助于引力战胜气体压力。这些巨大分子云中的气体在坍缩时往往会形成较小的团块，每个团块形成一个独立的恒星系统。这就是恒星通常诞生于星团中的原因。据推测，太阳可能诞生于一个星团中，但在 45 亿年后，太阳的兄弟姐妹早已分散开来，并与银河系中的其他恒星混在了一起。

图 1-1　天蝎座中形成恒星的分子云

注：图中区域大约有 50 光年宽。

在探讨太阳和太阳系从太阳星云中诞生时，我们已经探讨了气团是如何产生独立的恒星系统的。引力使气体云的体积缩小，这一过程被称为引力收缩。引力收缩使气体温度升高，气体云中心的气体温度尤其如此，因为它将引力势能转化为热能。引力收缩起初进展得很快，因为来自气体云的光子迅速带走了热能，使气体压力无法增强来抵消引力。然而，气体云中心区域的密度最终变得非常巨大，使光子无法轻易逃逸，压力因而增大，收缩减缓。气体云中心现在成了一颗原恒星，它借助持续的引力收缩所产生的能量发光，但因为核心的温度还不足以维持核聚变，它还不是一颗真正的恒星。

尽管能量从原恒星表面流失了，但它仍在继续升温，因为引力收缩释放的大部分能量仍被困在内部。这一收缩和加热的过程一直持续到中心温度升高、密度增加到足以维持核聚变时才停止。当核心的核聚变产生的能量与恒星表面流失的能量相当时，引力收缩就会停止，恒星的热能保持不变，从而使压力和引力达到稳定的平衡状态。这就是我们说当恒星核心的温度足够高，足以持续进行核聚变时，恒星就会"诞生"的原因。

## 两种平衡

回顾恒星诞生的过程，我们可以看到，当恒星达到两种平衡时，就会成为一种稳定的光源。首先，向外的内部气体压力必须与向内的引力平衡才能防止恒星膨胀或收缩。杂技演员的堆叠就是这种平衡的一个简单例子，我们将这种平衡称为引力平衡。底部的杂技演员支撑着其上所有人的重力，所以他必须用足够的力向上推。每高一层，这一层上的重力就会减少，就会比前一层的人更容易支撑其余人的重力。

在像太阳这样的恒星内部，引力平衡的作用方式大致相同，不同之处在于对抗引力的向外的推力来自内部的气体压力。在恒星内部的每一点上，内部压力与引力正好平衡，因而恒星的大小保持稳定（见图1-2）。在恒星表面以下较深的地方，由于上层的重力增加，压力也随着深度的增加而增加。

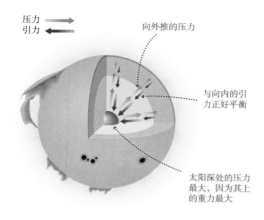

压力 →
引力 ←

向外推的压力

与向内的引力正好平衡

太阳深处的压力最大，因为其上的重力最大

图 1-2　太阳的引力平衡

注：在太阳内部的每个点上，向外推的压力与向内的引力平衡。这种平衡在其他恒星中也是如此。

第二种平衡是能量平衡，是恒星核心的核聚变释放能量的速率与恒星表面向太空辐射能量的速率的平衡（见图 1-3）。能量平衡非常重要，如果没有能量平衡，压力和引力之间就无法保持稳定平衡。如果核心的核聚变不能维持表面辐射的能量，保持热能总量不变，那么引力收缩会导致核心收缩，使其温度升高。

太阳核心的核聚变释放的能量

与太阳表面辐射的能量平衡

## 恒星恒温器

图 1-3　太阳的能量平衡

注：核聚变在核心释放能量的速率必须与太阳表面辐射能量的速率相同。

这两种平衡相互作用使恒星能够在几百万年或几十亿年内稳定地发光，这其中的关键在于可以进行自我调节的恒星恒温器，它能快速调节温度的任何微小变化，使其恢复平衡（见图 1-4）。我们以太阳为例，了解它的工作原理。

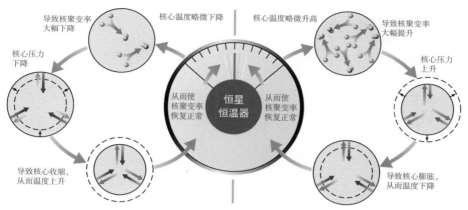

图 1-4　恒星恒温器的原理

注：引力平衡调节着恒星核心的温度。如果核心释放的能量等于核聚变产生的能量，那么一切都会保持平衡。核心温度升高会导致核心膨胀，从而使核心温度下降到原始值。核心温度下降会导致核心收缩，从而使核心温度恢复到原始值。

假如由于某种原因，太阳核心的温度略微上升。核聚变率很容易受温度影响，温度略微升高就会导致核聚变率急剧上升，因为核心的质子碰撞更加频繁，产生的能量也更大。因能量在太阳内部缓慢流动，这些多余的能量就被封存在核心中，导致核心压力增加。

这种外推的压力会暂时超过向内的引力，导致核心膨胀，从而温度下降，温度下降反过来会导致核聚变率回落，直至核心恢复到原来的大小和温度，这样又恢复了平衡。

太阳核心温度略微下降会引发相反的连锁反应。核心温度下降会导致核聚变率下降，从而导致核心压力下降，核心收缩。随着核心收缩，其温度又会上升，直到核聚变率恢复正常，使核心恢复到原来的大小和温度。

总而言之，只要恒星核心持续发生氢聚变，并保持引力平衡和能量平衡，恒星就会稳定地发光。在这种平衡状态下，像太阳这样的恒星可以在大约 100 亿年内稳定地发光，因为这是它核心的氢可持续供应的时间。

# Q2　质量越大的恒星，寿命就越短吗？

就像太阳一样，每颗恒星都通过其核心不断地进行氢聚变反应，保持着引力平衡和能量平衡。然而，质量不同的恒星达到这两种平衡的核心温度也会不同。因为质量决定了恒星的平衡点，所以质量决定了恒星的所有其他重要属性，包括恒星的寿命。

## 质量和主星序

要了解为什么恒星的平衡状态取决于其质量，我们先了解比太阳质量更大的恒星内部发生的情况。因为这颗恒星的质量比太阳大，在其原恒星阶段，引力收缩将更多的引力势能转化为热能。因此，核聚变在收缩过程的早期就开始了，而且使这颗质量较大的原恒星在核心温度较高、光度较大的情况下达到了平衡。这颗新形成的恒星的光度可能比太阳的光度大得多，因为即使核心温度略微高一些也会使核聚变率大幅提升，从而使恒星能够在半径较大、表面温度较高的情况下实现能量平衡。

我们在主星序上看到的所有质量变化趋势都反映了恒星最初达到平衡时的特性。质量比太阳小的恒星在核聚变开始前收缩幅度较大，而且达到平衡时的核心温度较低、光度较小、表面温度较低、半径较小。它们的寿命也比太阳长得多，因为它们的核聚变率较低，消耗核聚变燃料的速度较慢。质量比太阳大的恒星在核聚变开始前收缩幅度较小，而且达到平衡时的核心温度较高、光度较大、表面温度较高、半径较大。它们的寿命比太阳短得多，因为它们消耗核聚变燃料的速度非常快。

## 恒星质量的限制

恒星质量和两种平衡之间的相互作用也说明了恒星的质量范围相对较小的

原因。对大质量恒星的观测表明，恒星的最大质量至少是太阳质量的 150 倍，也可能高达太阳质量的 300 倍。然而，理论模型表明，质量超过太阳质量 100 倍的恒星，其核心输出的能量非常巨大，致使光子流穿过这样的恒星时，会迅速将其外层推向太空，从而使其质量不断下降。

对小质量恒星的计算表明，只有在原恒星的质量至少为太阳质量的 0.08（相当于木星质量的 80 倍）时，它才能成为真正的恒星。小于这个质量，原恒星的引力就太弱，无法将核心收缩到有效氢聚变所需的 1 000 万开尔文的阈值。在这种情况下，原恒星的大小会保持不变，成为一颗"失败的恒星"，即褐矮星。褐矮星主要辐射红外线，实际上看起来是深红色或紫红色，而不是棕色（见图 1-5）。由于褐矮星的核心无法维持稳定的核聚变，因此它们永远无法达到能量平衡，也就无法稳定地发光。相反，因为它们会辐射出内部的热量，它们的温度会随着时间的推移而下降。从本质上讲，褐矮星位于我们所称的行星和恒星之间的一个模糊区间内。

图 1-5  褐矮星

注：褐矮星是"失败的恒星"，其质量低于维持核聚变所需的太阳质量的 0.08。这张艺术家构想图展示的是多恒星系统中的一颗褐矮星，有颗行星（在其左侧）在绕其运行。微红的颜色比较接近褐矮星在人们眼中的样子。图中之所以展示这些条带，是因为我们认为褐矮星看起来更像类木行星而非恒星。

## 褐矮星中的压力

阻止引力将褐矮星的核心挤压到可以维持核聚变程度的压力与我们在大多数情况下遇到的压力截然不同。普通的气体压力与温度密切相关，因此常被称为热压，温度升高会使粒子运动加快，从而使热压增大。然而，计算表明，热压不足以与褐矮星中的引力达成平衡，相反，褐矮星中的引力挤压被简并压阻止。简并压完全不依赖温度，相反，它依赖量子力学定律，该定律也决定了原子的不同能级。

原子中的电子只能处于特定的能级，同样，量子力学定律也限制了电子在气体中排列的紧密程度。在大多数情况下，这些限制对电子的运动或位置几乎没有影响，因此对压力也几乎没有影响。然而，这些限制在褐矮星内部却非常重要，在白矮星中也是如此，因为电子在量子力学定律允许的范围内紧密地聚集在一起。用一个简单的类比就可以说明这个情况。想象一下，在一个礼堂里，量子力学定律决定了椅子的间距，礼堂里的人代表电子。就像玩抢座位游戏一样，人们总是从一个座位移动到另一个座位，这就如同电子必须不断运动。大多数天体就像一个椅子数多于人数的礼堂，因而人们（电子）在移动时很容易就能找到椅子。然而，褐矮星的核心就像很小的礼堂，椅子数量很少，而且几乎所有的椅子都坐满了人（电子）。因为几乎没有空位，人们（电子）不可能都挤进礼堂更狭小的区域内。

简并压就来源于这种与挤压的对抗。如果人真的像电子一样，量子力学定律也会约束他们不断加大移动速度，以便在被挤压到较狭小的区域时能找到空位。然而，电子的移动速度与温度无关。简并压和随之而来的电子运动之所以产生，只是因为电子的运动受限，这也是温度不会对它们造成影响的原因。

只要恒星能保持引力和压力之间的平衡，保持其核心产生的能量和表面释放到太空的能量之间的平衡，恒星就能稳定地发光。只要恒星的核心含有足够的氢，核心的氢聚变就能维持这种平衡状态。但核聚变不可能永远持续下去。接下来，我们将探讨当核心的氢耗尽，恒星不再保持平衡时会发生什么。

# Q3　太阳走到生命尽头时会发生什么?

当恒星核心的氢耗尽时,它的生命就走到了尽头。科学家通过理论建模,以及观测似乎处于生命晚期的恒星,研究恒星生命的最后阶段。研究表明,恒星根据质量可分为小质量恒星和大质量恒星两大类。小质量恒星(例如太阳)会相对安静地结束自己的生命,而大质量恒星(质量超过太阳质量的 8 倍)会在巨大的爆炸中死亡。

太阳是一颗非常典型的小质量恒星,我们先来以它为原型,研究小质量恒星的最后生命阶段。

## 红巨星阶段

当太阳核心的氢最终耗尽时,核心的核聚变会暂时停止。由于没有核聚变来补充恒星表面流失的热能,核心将再次失去平衡,就像太阳处于原恒星阶段时那样,而且核心的引力收缩会重新开始。令人惊讶的是,在这段时间里,太阳的外层会向外膨胀。在大约 10 亿年的时间里,或者在其主序星寿命的 10%的时间里,太阳的体积和光度会缓慢增大,变成一颗红巨星。在红巨星阶段的顶峰期,太阳的半径是现在的 100 倍以上,亮度是现在的 1 000 倍以上。

要理解为什么太阳在其核心收缩的情况下还会膨胀,我们需要了解太阳在主序星生命结束时其核心的组成。太阳核心的氢耗尽后,太阳几乎完全由氦构成,因为氦是氢聚变的产物。然而,太阳核心周围的气体中仍含有以前从未发生过核聚变的氢。因为引力使惰性的(不发生核聚变的)氦原子核和周围的氢壳层都收缩了,氢壳层的温度很快就会上升到足以发生氢壳层聚变,即在核周围的壳层中进行氢聚变(见图 1-6)。事实上,氢壳层达到了非常高的温度,使得氢壳层聚变比如今的核心氢聚变以更快的速率进行。核聚变率较高就会产生足够的能量,使太阳的光度大幅提升,也会产生足够的压力将周围的气体层向外推,从而使太阳的体积变大。

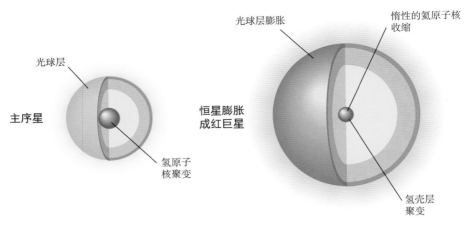

图 1-6　太阳主序星生命结束时的膨胀

注：像太阳这样的恒星在结束了主序星生命后，其惰性的氦原子核会收缩，同时氢壳层聚变开始。氢壳层的核聚变率很高，这迫使恒星的外层向外膨胀（图中所示并非实际膨胀比例）。

## 氦聚变

随着红巨星太阳的外层不断变大、光度变大，惰性的氦原子核的引力收缩会继续进行，直到核心温度达到 1 亿开尔文。此时，氦聚变通过核反应将 3 个氦原子核转化为 1 个碳核（见图 1-7）。因为碳 -12 原子核的质量比 3 个氦 -4 原子核的质量略低，而且根据 $E=mc^2$，损失的质量会变成能量，因此能量被释放出来。氦聚变所需的温度远高于氢聚变所需的温度，因为氦原子核含有 2 个质子，而氢原子核只含有 1 个质子，氦原子核带的正电荷比氢原子核多。正电荷多意味着氦原子核的相互排斥力比氢原子核更强，因此氦原子核必须以更大的速度相互碰撞才能产生核聚变。

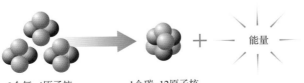

3个氦-4原子核　　　1个碳-12原子核

图 1-7　氦聚变

注：氦聚变将 3 个氦 -4 原子核转化为 1 个碳 -12 原子核，并在此过程中释放能量。

氦聚变一旦开始，核内的热压会暂时超过引力，迫使核心膨胀，核心膨胀会将氢聚变壳向外推，使温度和核聚变率下降。因此，即使核心的氦聚变和氢壳层聚变是同时发生的（见图 1-8），太阳产生的总能量也会从红巨星阶段的峰值开始下降。产生的能量减少，意味着现在是氦聚变恒星的太阳比在红巨星阶段时的体积、光度更小，颜色更黄。随着核心发生氦聚变，太阳将重新获得作为主序星的那种平衡。

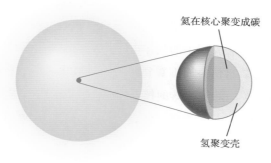

氦在核心聚变成碳

氢聚变壳

图 1-8　氦聚变的太阳

注：氦聚变开始后太阳核心的结构。氦聚变会使核心和氢聚变壳膨胀，而且会使其温度略微下降，从而使产生的总能量下降到低于红巨星阶段的水平。然后外层会收缩，使氦聚变的太阳比红巨星阶段时太阳的体积更小。

## 最后的喘息

氦聚变的恒星将其核心的氦全部聚变成碳，这只是时间问题。大约 1 亿年后，即太阳度过了 100 亿年氢聚变寿命的 1% 后，太阳核心的氦就会耗尽。当核心的氦耗尽时，核聚变会再次停止。如今由氦聚变产生的碳构成的太阳核心，在引力的挤压下会再次开始收缩。

核心的氦耗尽会导致太阳再次膨胀，就像太阳变成红巨星时一样。不过这一次促使太阳膨胀的因素是惰性的碳核周围壳层中的氦聚变。同时，氢聚变将在氦壳层顶部的壳层中继续进行，太阳将成为双壳层聚变恒星。这两个壳层都会与惰性的碳核一起收缩，促使其温度和核聚变率不断升高，太阳因而不断膨胀，最终比第一个红巨星阶段时的体积、光度更大。

　　氦壳层和氢壳层中剧烈的核聚变仅能持续几百万年。唯一能使太阳延长寿命的希望在于碳核，但对于像太阳这样的小质量恒星来说，这是个不切实际的希望。碳聚变只有在温度高于 6 亿开尔文的情况下才有可能发生，而简并压在太阳达到此温度之前就会阻止惰性的碳核收缩，就像它阻止褐矮星收缩一样。由于碳核无法通过核聚变提供新的能量来源，太阳最终将走到其生命的尽头。

　　太阳的最后一个举动是将其外层喷射到太空中，形成一个从惰性的碳核膨胀出来的巨大的气体壳层。裸露的核心的温度仍然非常高，因而会发出强烈的紫外线辐射。这种辐射会使膨胀壳层中的气体电离，产生能发出耀眼光芒的行星状星云。我们在其他小质量恒星周围看到了许多行星状星云，它们以同样的方式消亡了（见图 1-9）。随着裸露的核心的温度下降，喷射出的气体分散到太空中，行星状星云的光芒会逐渐减弱，在 100 万年或更短的时间内消失。

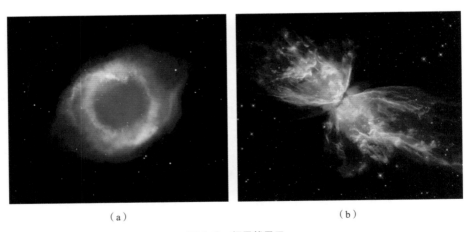

(a)　　　　　　　　　　　　　　　　　　(b)

图 1-9　行星状星云

注：图（a），螺旋星云，中央的白点是炽热的白矮星。图（b），蝴蝶星云，炽热的白矮星隐藏在穿过中心的尘埃气体的暗带中。哈勃空间望远镜拍摄的行星状星云照片。当小质量恒星在最后的垂死挣扎中抛出外层的气体，留下喷射气体的炽热内核时，就会形成行星状星云。炽热的内核使周围的气体壳层电离，并赋予其能量。随着星云气体分散到太空中，炽热的核心就以白矮星的形式留存下来。

留存下来的碳核的命运更加有趣。当碳核和地球差不多大时，简并压会阻止它坍缩，但它仍拥有太阳的大部分原始质量。它的温度非常高，但体积小，所以非常暗淡。换句话说，这就是我们所说的白矮星。白矮星的半径很小，但质量很大，因为白矮星就是死亡恒星被压缩的裸露核心，通过简并压来对抗引力的挤压。

## 赫罗图上太阳的生命轨迹

通过数学模型，天文学家能够判定太阳的表面温度和光度在太阳的演化过程中如何变化。将判定结果绘制在赫罗图上就会形成一条太阳的生命轨迹（也称演化轨迹），这条轨迹展示了太阳在生命中每个阶段的光度和表面温度（见图 1-10）。

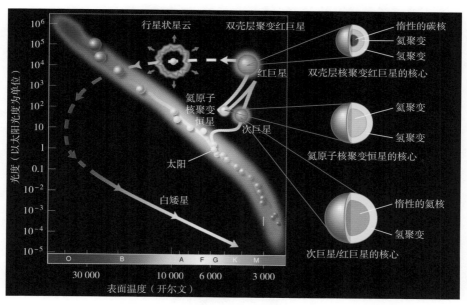

图 1-10  太阳的生命轨迹

注：太阳从第一次成为氢聚变的主序星到成为白矮星而死亡的轨迹如图所示。图中展示了太阳在关键阶段的核心结构。

需要注意的是，当太阳变成红巨星时，它的生命轨迹总体是向上的，因为体积和光度都在增大，而它惰性的氦原子核却在收缩。在这个阶段，因为太阳的表面温度略有下降，这条轨迹也略微向右倾斜。在红巨星阶段的顶端，氦聚变开始了，太阳的体积缩小，太阳成为氦核聚变恒星时轨迹向左下倾斜就说明了这一点。当太阳进入第二个红巨星阶段时，生命轨迹再次转为向上，这一次能量由氦壳层和氢壳层聚变产生。虚线表明，随着太阳喷射出行星状星云，图中不再绘制红巨星的表面温度，转而绘制留存下来的裸露核心的表面温度。曲线在左下方附近再次变为实线，表明这个核心是一颗炽热的白矮星。从这一点开始，随着白矮星温度降低、颜色变暗淡，曲线继续向右下倾斜。

# Q4　大质量恒星是怎样消亡的？

了解完小质量恒星生命的最后阶段之后，我们现在把注意力转向大质量恒星。起初，这些大质量恒星生命的最后阶段与太阳这样的小质量恒星非常相似，但它们的进展要快得多。例如，一颗质量为太阳质量 25 倍的恒星在氢聚变的主序星阶段只能持续几百万年，随后就失去了平衡。当核心的氢耗尽时，恒星会在不断收缩的氦原子核周围形成一个氢聚变的壳层，同时会产生大量的能量，使恒星的外层向外膨胀，直到恒星变成超巨星。氦原子核的引力收缩一直持续到温度足以使氦聚变成碳为止。这颗大质量的恒星迅速将氦聚变成碳，在不到几十万年的时间里，它就只剩下了一个惰性的碳核。

此后，这颗质量为太阳质量 25 倍的恒星的生命轨迹就与太阳的生命轨迹截然不同了。在氦聚变结束后，引力收缩仍在继续，惰性的碳核收缩，核心的压力、温度和密度都在上升。不断收缩的核心的温度越来越高，很快就达到了碳聚变的要求。正如我们将在下文讨论的那样，核心和壳层又经历了几个越来越重的元素的聚变阶段，产生了使我们的生命成为可能的"恒星物质"，而恒星的外层继续膨胀。

尽管这颗大质量恒星的内部发生了剧烈的变化，但它的外观变化缓慢。随着核聚变的各个阶段停止，周围壳层的核聚变会加剧，并使恒星的外层进一步膨胀。每次核心爆发时，外层都会有所收缩，但恒星的整体光度基本保持不变。结果就是大质量恒星的生命轨迹在赫罗图的顶部呈之字形（见图1-11）。在大多数大质量恒星中，核心的变化发生得如此之快，以至于外层还没来得及做出反应，恒星就稳步发展成红超巨星了。

在这些大质量红超巨星中，有一颗恰好离地球相对较近，即位于猎户座左肩上的参宿四。它的半径大约是太阳半径的900倍，或大约是太阳到地球距离的4倍。我们无法确切了解参宿四核心的核聚变正处于哪个阶段，它的核聚变期可能还有几千年，或者它现在正处于生命的最后阶段。如果是后者，那么在不久的将来，我们就可以亲眼看到宇宙中发生的最壮观的天文现象之一：超新星。

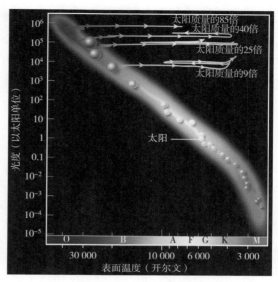

图 1-11　大质量恒星的生命轨迹

注：部分大质量恒星在赫罗图上从主序星到红超巨星的生命轨迹。生命轨迹上标注了恒星在其主序星生命开始时的质量。

资料来源：基于A.梅德（A. Maeder）和G.梅内特（G.Meynet）的模型。

## 高级核聚变

像参宿四这样的大质量恒星可以产生比碳更重的元素，因为恒星内部的引力挤压实在是太强大了，简并压永远无法阻止核心收缩。每当核心耗尽一种核聚变燃料时，它就会收缩并升温，直到构成核心的元素可以聚变成更重的元素，而较轻元素的聚变则在核心周围的多个壳层中继续进行。在大质量恒星生命的最后阶段，完整的核反应是相当复杂的，许多不同的核反应可能同时发生，产生氧、硅和硫等元素（见图 1-12）。在生命接近终结的时候，恒星的中心区域就像洋葱的内芯，在一层又一层壳层中的核聚变形成了不同的元素（见图 1-13）。

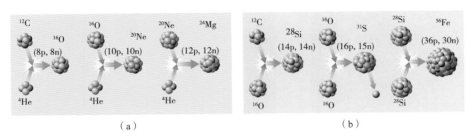

（a）　　　　　　　　　　　　　　　（b）

图 1-12　在大质量恒星生命的最后阶段发生的许多核反应中的几个

注：图（a），许多核反应都是通过氦捕获进行的，在此过程中，氦原子核与其他原子核发生聚变。图（b），在极高的温度下，较重的原子核也会发生聚变。图中，p 代表质子，n 代表中子。

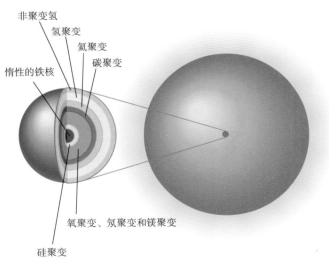

图 1-13　在大质量恒星生命的最后几天里，核心的多层核聚变

核心继续收缩、升温，并聚变为新元素，直至铁开始积聚。如果铁像其他

元素一样处于核聚变的早期阶段，那么铁聚变开始时，核心收缩就会停止。然而，铁在所有元素中是独一无二的，它是唯一一种不可能产生任何核能的元素。

要理解为什么铁是独一无二的，需要牢记的是，只有两个基本过程可以释放核能：轻元素聚变成重元素，重元素裂变成较轻的元素。回想一下，氢聚变将 4 个质子（氢原子核）转化为 1 个由两个质子和两个中子组成的氦原子核，这意味着核粒子的总数（质子和中子的总和）并没有改变。然而这种核聚变反应会产生能量，这是遵循 $E=mc^2$ 公式的，因为虽然核粒子的数量没有变化，但氦原子核的质量小于参与核聚变的 4 个氢原子核的质量之和。换句话说，氢聚变成氦会产生能量，因为氦的每个核粒子的质量比氢的低。同样，将 3 个氦 –4 原子核聚变成 1 个碳 –12 原子核也会产生能量，因为碳的每个核粒子的质量比氦的低，这意味着在这种聚变反应中，有些质量会消失并转化为能量。从氢到氦再到碳，每个核粒子的质量都在减小，这就是图 1-14 所示的总趋势的一部分。

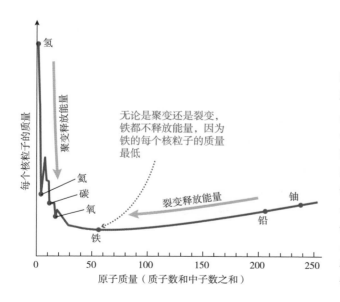

图 1-14　不同元素核粒子质量的变化趋势

注：总体而言，每个核粒子的平均质量从氢到铁逐渐下降，然后从铁到铀逐渐上升。图中对所选元素的核做了标记来作为参照。这张图只展示了总体趋势，更详细的图会显示总体趋势上叠加的许多起伏。虽然纵坐标上的刻度是任意的，但也体现了总体思路。

　　从轻元素到铁元素，每个核粒子的质量趋于减小，这意味着轻核聚变成重核会产生能量。这一趋势在铁元素之后就发生了逆转：从铁元素到更重的元素，每个核粒子的质量趋于增加。因此，比铁重的元素只有裂变成较轻的元素才能产生核能。

　　在所有原子核中，铁的每个核粒子的质量是最低的，因此铁不能通过聚变或裂变释放能量。一旦恒星核心的物质变成铁，它就不能再产生能量了。对于铁核来说，与引力挤压抗衡的唯一希望在于简并压，但铁会不断积聚，直到连简并压也无法支撑核心。随之而来的就是最终的核废料灾难，即恒星爆炸，爆炸将所有新形成的元素都散落到星际空间中。

## 超新星爆炸

　　简并压无法支撑惰性的铁核，因为大质量恒星巨大的引力会推动电子超越其量子力学极限。一旦电子靠得太近，它们就不能自由存在了。在一瞬间，电子与质子结合形成中子而消失（见图 1-15），在此过程中释放出微小的亚原子粒子，即中微子。随着简并压消失，引力就毫无拘束了。在不到一秒的时间里，质量与太阳相当、体积比地球大的铁核坍缩成直径只有几千米的中子球，形成了我们称之为中子星的恒星遗体。坍缩之所以停止，只是因为中子本身有简并压。在某些情况下，残留的核心可能足够大，可以使引力克服中子的简并压，于是核心继续坍缩，直到变成黑洞。我们将在下一章讨论中子星和黑洞。

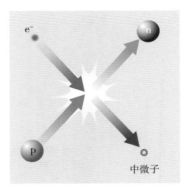

图 1-15　大质量恒星核心坍缩的微观变化

注：在大质量恒星核心最后的灾难性坍缩过程中，电子（e⁻）和质子（p）结合形成中子（n），在此过程中释放出中微子。

核心的引力坍缩释放出巨大的能量，这些能量是太阳在整个100亿年的生命周期中辐射能量的100多倍。这些能量在被称为超新星的巨大爆炸中驱使恒星的外层飞向太空，爆炸的热量使气体闪耀着耀眼的光芒。在大约一周的时间里，这颗超新星就像100亿个太阳那样闪亮，其光度可与中等大小的星系相媲美。喷发的气体在接下来的几个月里慢慢冷却，亮度逐渐减弱，但它们会继续向外膨胀，最终与星际空间的其他气体混合在一起（见图1-16）。

图 1-16 蟹状星云

注：这张哈勃空间望远镜拍摄的照片是蟹状星云，它是公元 1054 年观测到的超新星残骸。

## 恒星物质

虽然大质量的恒星已经死亡，但在恒星核心的反应炉中产生的各种元素现在分散在星际空间的气体云中。数百万或数十亿年之后，这些超新星碎片可能被新一代恒星吸收。来自超新星的一些重元素会成为这些新生恒星周围新行星的组成部分，甚至可能组成新的生命形式。事实上，地球和我们身体的组成部分就来自遥远的过去的超新星。

我们确信，形成地球的太阳星云中的大部分重元素都来自早期的超新星，因为我们对这些元素的观测与超新星模型的预测结果相吻合。图 1-17 显示的是太阳系中测得的元素丰度。氢和氦是迄今为止最丰富的元素，所有其他元素（锂除外）都是由恒星产生的。原子序数为偶数的元素比相邻的原子序数为奇数的元素更普遍，因为高级聚变反应通常使氦原子核（原子序数 =2）与其他原子序数为偶数的元素发生聚变。铁元素之后的重元素的丰度甚至进一步下降，这是因为在超新星爆发期间或爆发之后，只产生了少量的重元素。因此，我们在这些丰度中发现的规律表明，我们自己就是恒星物质，是由很久以前爆炸的恒星碎片组成的。

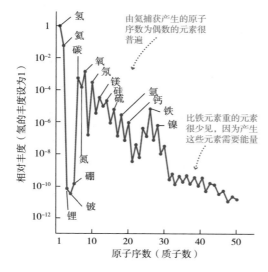

图 1-17　各元素相对于氢元素的丰度

注：这张图显示的是相对于氢的丰度，太阳系中观测到的元素丰度。例如，氮的丰度约为 $10^{-4}$，即 1/10 000，这意味着氢原子的数量约为氮原子的 1 万倍。

# Q5　我们如何预测恒星的寿命?

你可能会想，科学家怎么会对自己构建的太阳和其他恒星的模型如此信心十足呢? 毕竟，恒星的寿命比人类的寿命要长得多，我们对恒星的所有观测都只能反映它们生命轨迹中非常短暂的瞬间。答案是，就像科学领域惯常的做法，这些模型能对我们观测的恒星做出非常具体的预测，而且这些预测已经反复得到了证实。

观测星团对检验恒星模型非常有帮助，主要有两个原因：

· 星团中所有的恒星与地球的距离大致相同，这意味着每颗恒星的视亮度可以直接反映它的光度与星团中其他恒星相比的状况。

·星团中所有的恒星都是在同一时间从同一个大星系的分子云中形成的，这意味着它们现在的年龄都差不多。

星团有两种基本类型：中等大小的疏散星团和密集的球状星团。这两类星团不仅恒星分布的密集程度不同，而且位置和年龄也不同。疏散星团，如昴宿星团（见图 1-18），位于相对平坦的星系盘中，它们通常包含几百到几千颗恒星，分布在直径约 30 光年的区域内，而且所有的恒星都比较年轻。

图 1-18　昴宿星团

注：昴宿星团是离地球较近的一个疏散星团，可在金牛座中观察到。虽然这个星团的数千颗恒星中只有 6 颗肉眼可见，但这个星团仍常被称为七姊妹星团。这个星团在日语中被称为斯巴鲁（Subaru），斯巴鲁汽车的车标正是昴宿星团。图中所示区域的直径约为 11 光年。

球状星团通常位于星系盘的上方或下方，即位于被称为晕的区域。它们比疏散星团密集得多，而且星团包含了宇宙中一些最古老的恒星。球状星团可以在直径不超过 150 光年的球状区域中包含 100 多万颗恒星，它的中心可能有 1 万颗恒星挤在直径只有几光年的空间里（见图 1-19）。从球状星团中的行星上看到的景色令人不可思议，数千颗恒星比半人马座阿尔法星系离太阳更近。

图 1-19　球状星团 M80

注：球状星团 M80 已有 120 多亿年的历史。在这张哈勃空间望远镜拍摄的照片中，非常显眼的红色恒星是接近生命尽头的红巨星。照片中心区域的直径约为 15 光年。

当我们将星团中的恒星绘制在赫罗图上时，星团对于检验我们模型的价值就显而易见了。图 1-20 显示的是昴宿星团的赫罗图。大多数恒星都沿着主星序排列，但有一个非常重要的特例：昴宿星团的恒星排列到主星序左上角时逐渐消失了。也就是说，主星序中缺少光谱型为 O 的炽热的短命恒星。我们曾假设，温度高的大质量恒星确实比温度较低的小质量恒星的寿命要短。这一事实与我们在假设中所期望的一致。在这种情况下，我们得出的结论是，昴宿星团的年龄足够大，足以使它的主星序 O 型恒星先于它结束自己的氢聚变，但它的年龄还不够大，不足以使光谱类型为 B 的所有恒星耗尽自己核心的氢。

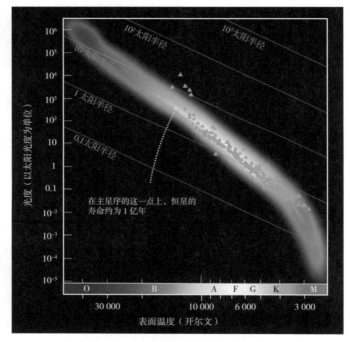

**图 1-20　昴宿星团恒星的赫罗图**

注：三角形代表单颗恒星。昴宿星团的主星序上方缺少恒星，这表明这些恒星核心的氢聚变已经结束。从位于光谱类型为 B6 处的恒星主序拐点可知，该星团大约有 1 亿年的历史。

在赫罗图上，昴宿星团的恒星偏离主星序的那个精确的点称为主序拐点。理论模型表明，在这一点上，恒星的主序星寿命大约是 1 亿年，因此我们得出结论：1 亿年是昴宿星团的年龄。寿命超过 1 亿年的恒星的核心仍在进行氢聚变，因此仍然是主序星。

理论模型还预测了未来几十亿年会发生的事：昴宿星团中的B型恒星会首先消亡，然后是A型恒星和F型恒星。如果我们每隔几百万年就为昴宿星团绘制一张赫罗图，那就可以看到主星序会逐渐变短，而这正是我们在图1-21中看到的。在图1-21中，昴宿星团与其他3个疏散星团的恒星绘制

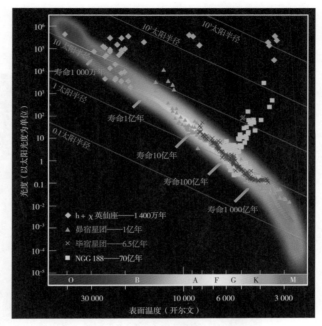

图 1-21　四个星团恒星的赫罗图

注：不同的主序拐点表明了它们不同的年龄。

在同一张赫罗图上。其中两个星团的年龄比昴宿星团还要大，一个已经没有了B型恒星，另一个已经没有了A型恒星。而剩余的一个星团比昴宿星团要年轻得多，主序拐点表明它的年龄只有1 400万年。只有质量最大的O型恒星消亡了，质量次之的O型恒星已移动到了赫罗图的右上角，这表明它们已经变成了超巨星。我们的大质量恒星模型的预测结果正是如此。

最终，我们会期望昴宿星团的赫罗图看起来像图1-22那样，图1-22显示的是一个有130亿年历史的球状星团的恒星。在这张图中，我们可以看到处于不同生命阶段的恒星，太阳也要经历这些不同的生命阶段。右下角的恒星仍处于主星序上，这意味着它们的核心仍在进行氢聚变。就在主序拐点的右上方，我们看到恒星刚刚开始膨胀成红巨星，因为它们的核心停止了核聚变，而氢壳层开始了核聚变。从主序拐点向右上方上升的恒星线表明，红巨星的半径和光度在逐渐增大。这条线的顶端是即将发生氦聚变的红巨星。已经开始了氦聚变

的恒星位于红巨星的左下方, 因为它们体积更小、温度更高、光度更小。最后, 在主星序的左下方, 我们可以看到已结束了自己生命、成为白矮星的恒星。

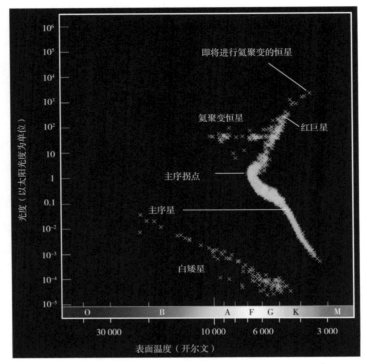

图 1-22　这张赫罗图展示的是球状星团 M4 的恒星

注: 球状星团 M4 的年龄约为 130 亿年。这些恒星目前正在经历的许多阶段正是模型所预测的太阳在其生命尽头时所经历的阶段。

通过对图 1-22 所示的图形与恒星的计算机模型进行比较, 我们非常自信地认为, 这些模型真实地反映了恒星的生命历程。你可以对比图 1-22 和图 1-10 来进行快速验证。图 1-10 展示的是模型对太阳生命轨迹的预测。这两张图并不完全对应, 因为其他恒星与太阳并不完全相同 (除氢和氦外, 恒星所含的元素很少), 但它们的总体特征确实很相似。天文学家可以进行更详细的比较, 他们可以计算整个星团的模型, 并将计算结果绘制在赫罗图上。这样的努力既证实了我们在本章中探讨的恒星的生命历程, 又可以帮助我们改进恒星模型。图 1-23 概述了根据我们的恒星模型而确定的小质量和大质量恒星的生命历程。

## 要点回顾
**The Cosmic Perspective Fundamentals >>>**

- 当引力收缩引起星际气体云收缩，而且收缩到使其核心发生氢聚变时，恒星就诞生了。

- 质量比太阳大的恒星寿命比太阳短得多，因为它们消耗燃料的速度非常快。

- 当核心的氢减少时，太阳将逐渐膨胀成一颗红巨星，然后崩溃并释放巨大的能量，最终形成一颗白矮星。

- 大质量恒星（质量大于太阳质量的 8 倍）在耗尽核心的氢后，会经历太阳也会经历的氢壳层聚变和氦聚变阶段，并膨胀成超巨星。

- 通过比较不同年龄的星团，我们可以了解恒星的性质是如何随着年龄的变化而变化的，从而检验我们的恒星生命模型。

大质量恒星（质量为太阳质量的25倍）的生命历程

**①** 原恒星：当星际气体云在引力作用下坍塌时，就形成了恒星系统

**②** 蓝色主序星：在大质量恒星的核心，4个氢原子核通过被称为CNO（碳–氮–氧）循环的系列反应聚变成1个氦原子核

**③** 红超巨星：核心氢耗尽后，核心收缩并升温。惰性的氦原子核周围开始发生氢聚变，这使得恒星膨胀成为红超巨星

这颗大质量恒星在大约600万年的时间里从原恒星变成超新星，这段时间在宇宙日历上还不到4小时

| 每个阶段的实际长度 | 4万年 | 500万年 | 10万年 |
|---|---|---|---|
| 宇宙日历上的时间 | 凌晨12：00：00到12：01：30 | 凌晨12：01：30到3：10：00 | 凌晨3：10：00到3：14：00 |

这些时间与一颗质量为太阳质量25倍的恒星的生命阶段相对应，这颗恒星在宇宙日历上一个平常日子的午夜时分诞生

小质量恒星（质量与太阳质量相同）的生命历程

**①** 原恒星：当星际气体云在引力作用下坍塌时，就形成了恒星系统

**②** 黄色主序星：在小质量恒星的核心，4个氢原子核通过称为质子－质子循环的系列反应聚变成1个氦原子核

**③** 红巨星：核心氢耗尽后，核心收缩并升温。惰性的氦原子核周围开始发生氢聚变，这使得恒星膨胀成为红巨星

这颗小质量恒星在大约115亿年的时间里从原恒星变成行星状星云，这段时间在宇宙日历上相当于10个月

| 每个阶段的实际长度 | 3 000万年 | 100亿年 | 10亿年 |
|---|---|---|---|
| 宇宙日历上的时间 | 3月1日到3月2日 | 3月2日到11月30日 | 11月30日到12月27日 |

这些日期与宇宙日历上3月初诞生的一颗与太阳质量相当的恒星的生命阶段相对应

### 图 1-23 恒星生命

注：所有恒星在生命中的大部分时间都是主序星，然后在生命的最后阶段发生巨大的变化。这张图显示的是一颗大质量恒星和一颗小质量恒星的各个生命阶段，图中采用宇宙日历来说明这些生命阶段的相对长度。在这个日历上，宇宙140亿年的寿命对应的是1年。

④ **氢原子核聚变超巨星**：当核心温度升高到足以将氢聚变成碳时，氦聚变就开始了，核心随后膨胀，这使氢聚变的速度减缓，同时使恒星外层收缩

⑤ **多壳层聚变超巨星**：核心的氦耗尽后，核心收缩并升温，直到重元素开始聚变。在生命晚期，这颗恒星使许多元素在一系列壳层中发生聚变，而铁元素聚集在核心

⑥ **超新星**：铁元素不能为聚变提供能量，所以它聚集在核心，直到简并压无法支撑它，核心随后坍缩，这导致恒星发生灾难性爆炸

⑦ **中子星或黑洞**：核心坍缩形成了中子球，中子球可能成为中子星，也可能进一步坍缩形成黑洞

| 100万年 | 1万年 | 几个月 | 无限长 |
|---|---|---|---|
| 凌晨3:14:00到3:52:00 | 凌晨3:52:00到3:52:23 | 凌晨3:52:23 | — |

④ **氦原子核聚变恒星**：当核心的温度高到足以将氦聚变成碳时，氦聚变就开始了，核心随后膨胀，这使氦聚变的速率减缓，同时使恒星外层收缩

⑤ **双壳层聚变红巨星**：核心的氦耗尽后，惰性的碳核周围开始发生氦聚变，恒星随后进入了第二个红巨星阶段，即在氦壳层和氢壳层都发生聚变

⑥ **行星状星云**：即将消亡的恒星在行星状星云中抛出其外层，留下裸露的惰性核心

⑦ **白矮星**：残留的白矮星主要由碳元素和氧元素组成，因为小质量恒星核心的温度不够高，无法产生重元素

| 1亿年 | 3 000万年 | 1万年 | 无限长 |
|---|---|---|---|
| 12月27日到12月30日 | 12月30日到12月31日 | 12月31日 | — |

质量与太阳相当的恒星寿命几乎是质量为太阳质量25倍的恒星寿命的2 000倍

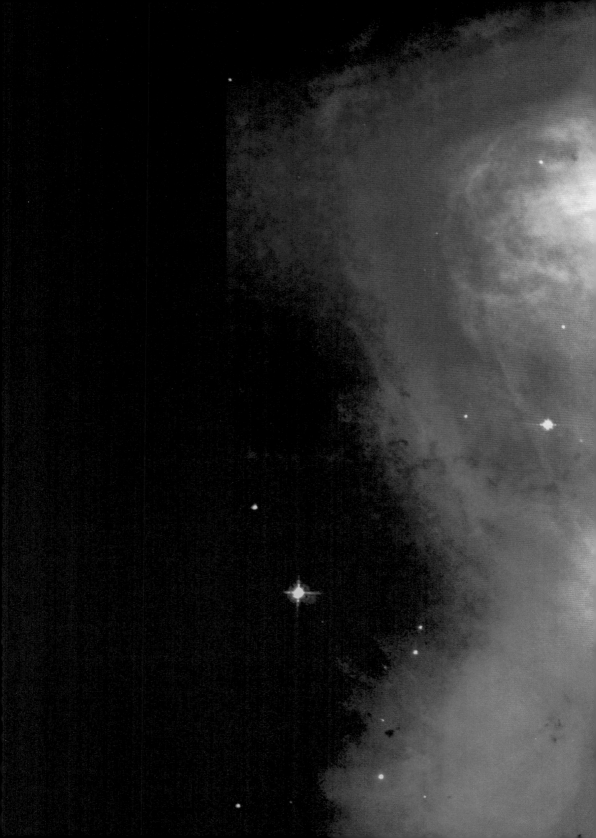

# 02

## 恒星有墓地吗

## 妙趣横生的宇宙学课堂

- 太阳死亡后如何变成白矮星?
- 探访中子星会发生什么?
- 黑洞真的是一个"洞"吗?
- 如何证明黑洞真的存在?
- 引力波观测对我们有什么用?

　　欢迎来到恒星的来世，来到白矮星、中子星和黑洞的迷人领域。章首页背景图是一张 X 射线照片，显示的是一颗被超新星爆炸产生的热气体包围的中子星。像这样的死亡恒星的行为表现不同寻常，因为核聚变能量不再能使它们保持平衡了。只有简并压的量子力学效应才能阻止其巨大的引力，但即使是简并压也无法拯救最巨大的恒星核心，它们会坍缩成黑洞，使周围的空间急剧弯曲，使时间似乎停滞。

　　本章内容，请做好准备，你一定会为恒星墓地奇异的居民而惊叹的！

## Q1　太阳死亡后如何变成白矮星？

　　我们知道，不同质量的恒星会留下不同类型的恒星尸体。像太阳这样小质量的恒星在死亡时会留下白矮星。大质量的恒星变为超新星后，会在巨大的爆炸中死亡，留下中子星或黑洞。在走进恒星的墓地前，我们先来探讨一下白矮星。

　　白矮星本质上是小质量恒星裸露的核心，这些恒星已死亡，并在行星状星云中脱落了外层。因为白矮星不久前是恒星的内核，因而它刚形成时的温度非常高，但随着时间的推移会慢慢冷却。白矮星的质量类似恒星，但它们的体积（半径）很小，这就是它们与太阳这样的恒星相比通常比较暗淡的原因。然而，最炽热的白矮星在高能紫外线和 X 射线下会发出明亮的光芒（见图 2-1）。

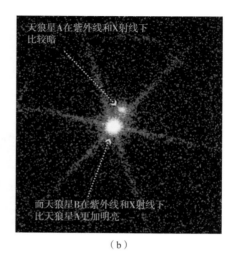

（a）　　　　　　　　　　　　　　　　　（b）

图 2-1　天狼星在不同光下的亮度

注：图（a），哈勃空间望远镜在红外光下看到的天狼星。图（b），钱德拉 X 射线望远镜看到的天狼星。天狼星是夜空中最亮的恒星，它实际上是一个由一颗主序星（天狼星 A）和一颗白矮星（天狼星 B）组成的双星系统。主序星在红外光和可见光下要亮得多，但炽热的白矮星在高能光线下更加明亮（图像中的尖峰是望远镜光学系统的伪影）。

白矮星的质量近似恒星的质量，而且体积小，这使得其表面附近的引力非常强。如果引力没有遇到对抗，它会把白矮星挤压得更小。那么一定存在某种压力源，它用同样的反向作用的力来保持白矮星的稳定。对于没有核聚变来维持热压的白矮星来说，这个压力源就是简并压，白矮星中的简并压与支撑褐矮星的压力类型相同。当亚原子粒子在量子力学定律允许的范围内紧密排列时，就会产生简并压。更确切地说，白矮星中的简并压是由紧密排列的电子产生的，所以我们称之为电子简并压。白矮星处于平衡状态，即电子简并压向外的推动与引力向内的挤压相平衡。

## 白矮星的组成、密度和体积

因为白矮星是恒星停止核聚变后残留的核心，它的组成反映了恒星最后核聚变阶段的产物。像太阳这样的恒星，在生命的最后阶段氢原子核发生聚变产生碳，因而质量与太阳相当的恒星残留的白矮星主要由碳组成。

尽管白矮星的组成成分听起来很普通，但从白矮星上取出的物质与地球上看到的任何物质都不同。一颗典型的白矮星的质量与被压缩成地球大小的太阳的质量类似。如果你还记得地球比一般的太阳黑子还要小，你就会意识到把整个太阳压缩到地球大小绝非易事。白矮星的密度非常高，如果你能把白矮星上的物质带到地球上，一茶匙物质的重力就相当于地球上的一辆小卡车。

质量较大的白矮星实际上比质量较小的白矮星的体积更小。例如，质量为太阳质量 1.3 倍的白矮星，其直径是与太阳质量相当的白矮星直径的一半（见图 2-2）。白矮星的质量越大，体积越小，因为质量越大，引力就越强，就会将物质压缩到越大的密度。根据量子力学定律，白矮星中的电子对这种压缩的反应是移动得更快，这使得简并压强大到足以对抗更大的引力。因此，质量最大的白矮星，体积反而是最小的。

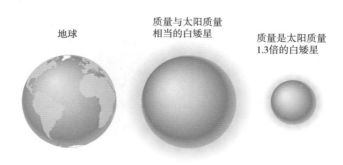

地球 　　质量与太阳质量相当的白矮星 　　质量是太阳质量 1.3 倍的白矮星

图 2-2　白矮星的体积

注：质量较大的白矮星实际上比质量较小的白矮星的体积更小，因此其密度更大。图中的地球用于对比体积。

## 白矮星极限

质量越大的白矮星，内部电子运动越快，这一事实说明白矮星的最大质量是有基本限制的。理论计算表明，在质量约为太阳质量 1.4 倍的白矮星中，电子的运动速度可以达到光速。因为电子和任何其他物质的运动速度都不会超过光速，所以白矮星的质量不会超过太阳质量的 1.4 倍，这一白矮星极限也被称为钱德拉塞卡极限，这是以其发现者的名字来命名的。

强有力的观测证据证实了关于白矮星质量的这一理论极限。许多已知的白矮星都是双星系统的成员，因此我们可以测量它们的质量。正如理论模型所预测的那样，在每一次的观测中，白矮星的质量都低于太阳质量的 1.4 倍。

## 白矮星和吸积

如果放任不管，白矮星就再也不会像曾经的恒星那样闪亮了。由于没有核聚变的燃料来源，它会随着时间的推移冷却，但它的体积保持不变，因为电子简并压会与引力的挤压抗衡，使其永远保持稳定。然而，对于双星系统中的白矮星来说，由于两颗恒星的轨道靠得很近，情况可能就完全不同了。

图 2-3　吸积盘形成的过程

注：这张艺术家的构思图展示的是物质如何从伴星（左）向白矮星（右）溢出形成吸积盘的过程。白矮星本身位于吸积盘的中心，因为它的体积太小了，所以在这个比例尺度下看不出来。物质流到吸积盘上，会在与吸积盘结合的地方产生一个热点。右上方的插图显示的是从上方而非从侧面看到的系统的样子。

对于密近双星系统中的白矮星，如果它的伴星是主序星或巨星，那么它的质量会逐渐增加（见图 2-3）。当物质团块第一次从伴星溢出到白矮星时，它们的轨道速度很小。根据角动量守恒定律，当物质团块落向白矮星表面时，它的轨道运行速度必须越来越大，因此，坠落的物质团块在白矮星周围形成了一个旋涡状的圆盘。因为物质聚集成更大物体的过程被称为吸积，所以这个快速旋转的圆盘被称为吸积盘。

## 新星

吸积可以为"死亡"的白矮星提供新的能源。吸积盘中向内旋转的气体在引力势能转化为热能的过程中温度变得非常高，从而发出强烈的紫外线或 X 射线辐射。此外，向白矮星溢出的氢气最终落在白矮星的表面，白矮星强大的引力将其压缩成一个薄薄的表层。随着表层吸积的气体增多，压力和温度都会上升。当表层底部的温度达到约 1 000 万开尔文时，氢聚变突然就开始了。

白矮星利用发生氢聚变的表层的能量恢复了生命，使双星系统作为新星可以闪耀几个星期的光芒（见图 2-4）。新星的亮度远不如超新星，但仍可以发出相当于 10 万个太阳的光芒。它产生的热量和压力，将吸积到白矮星上的大部分物质喷射出去。这些物质向外膨胀，形成的残骸有时在新星爆炸多年后仍然可见。新星爆炸平息后，吸积又会继续，因此整个过程可以不断重复。有时，我们观测

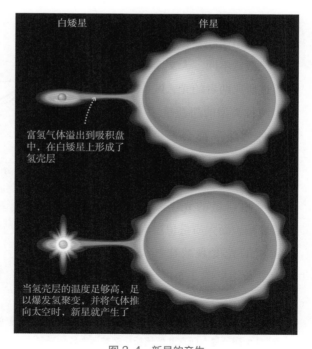

白矮星　　　　　　　伴星

富氢气体溢出到吸积盘中，在白矮星上形成了氢壳层

当氢壳层的温度足够高，足以爆发氢聚变，并将气体推向太空时，新星就产生了

图 2-4　新星的产生

注：当双星系统中白矮星的表面产生氢聚变时，新星就产生了。

到新星在短短几十年后就会重复此过程。而更常见的情况是，两次新星爆炸之间相隔数千年。

## 白矮星超新星

在极少数情况下，密近双星中的白矮星会经历比新星更戏剧性的事件。无论是通过吸积获得质量，还是与其伴星合并，白矮星的质量总有一天会达到太阳质量 1.4 倍的极限，这一天就是白矮星生命的最后一天。需要记住的是，大多数白矮星主要是由碳构成的。当白矮星的质量接近太阳质量 1.4 倍的极限时，其温度会升高，最终温度高到足以发生碳聚变的程度，这时碳聚变几乎瞬间就在整个白矮星发生了，白矮星彻底爆炸，形成了我们所说的白矮星超新星。

碳聚变产生的白矮星超新星结束白矮星生命与铁核坍缩导致超新星结束大质量恒星生命（我们称之为大质量恒星超新星[①]）的情况截然不同。天文学家通过研究两者的光，区分这两种类型的超新星。这两种超新星都会发出耀眼的光芒，其峰值光度约为太阳的 100 亿倍，但白矮星超新星的光度会不断衰减，而大质量恒星超新星的光度衰减往往更为复杂（见图 2-5）。

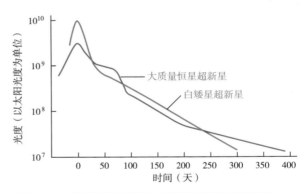

图 2-5　大质量恒星超新星和白矮星超新星的光度衰减

注：这张图上的曲线显示的是两种不同超新星的光度如何随时间而衰减。白矮星超新星的光度一开始衰减得很快，在达到峰值后的几周内，衰减就变得平缓了，而大质量恒星超新星光度衰减的方式更加复杂。

① 从观测上来说，如果超新星的光谱中有氢谱线，天文学家就将其归类为 II 型超新星，否则就归类为 I 型超新星。所有 II 型超新星都被认为是大质量恒星超新星。然而，I 型超新星可以是白矮星超新星，也可以是恒星在爆炸前就失去了所有氢的大质量恒星超新星。I 型超新星分为 3 类，分别是 Ia 型、Ib 型和 Ic 型。只有 Ia 型超新星被认为是白矮星超新星。

此外，白矮星超新星的光谱中总是缺少氢谱线（因为白矮星含有的氢很少），而这些氢谱线在大多数大质量恒星超新星的光谱中非常突出。

# Q2　探访中子星会发生什么？

　　白矮星的密度高达每茶匙数吨，这似乎令人难以置信，但中子星更为奇怪。20 世纪 30 年代，有人提出可能存在中子星，并描绘了中子星的特征。这种观点却遭到了许多天文学家的质疑，因为他们不相信宇宙会创造出如此奇异的物质，这听起来太荒谬了。

　　中子星表面的引力令人生畏。如果宇宙飞船想要逃离中子星表面，它的速度需要达到光速的一半。如果你愚蠢地选择了去探访中子星的表面，引力会立即将你挤压成一个由亚原子粒子组成的极薄的薄饼。

　　试想一下如果中子星来到地球会发生什么，这也是很有趣的，但实际上，这种情况并不会真的发生。因为中子星的半径只有 10 千米，所以它的大小很可能适合放在你的家乡。然而，由于中子星的质量是地球的 30 万倍，它巨大的表面引力会很快摧毁你的家乡和地球文明。当尘埃落定时，曾经的地球会被挤压成中子星表面上一个还没你拇指厚的壳层。

　　然而，如今大量的证据表明中子星确实存在。接下来，让我们认识一下"荒谬的"中子星。

## 中子星的性质

　　中子星是由大质量恒星超新星中的铁核坍缩而形成的中子球（见图 2-6）。中子星的半径通常只有 10 千米，但质量比太阳还要大，中子星就像巨大的原子核，几乎完全由中子组成，由强相互作用力将这些中子结合在一起。像白矮星一样，中子星通过简并压对抗强相互作用力的挤压。当粒子在自然界允许的范围内紧密地聚集在一起时，就会产生简并压。然而，就中子星而言，紧密地聚集在一起的是中子而不是电子，所以是中子简并压支撑它们来对抗强相互作用力的挤压。

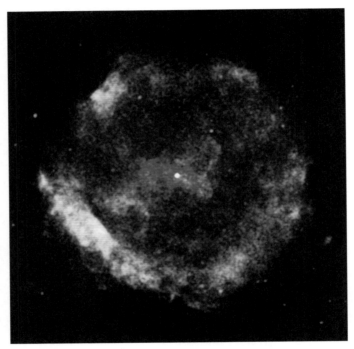

图 2-6　中子星

注：这张 X 射线图像出自钱德拉 X 射线天文台，它展示的是超新星残骸 G11.2-03。这是中国天文学家在公元 386 年观测到的一颗超新星的残骸。图像中央的白点代表超新星留下的中子星发出的 X 射线，不同的颜色对应不同的 X 射线波段。图中区域的直径约为 23 光年。

## 脉冲星

1967 年，一位名叫乔斯琳·贝尔（Jocelyn Bell）的研究生发现了一种奇怪的射电波源，这是观测到中子星的第一个证据。该射电波源以 1.337 301 秒的精确间隔发出脉冲（见图 2-7）。已知的天文现象都不会产生如此规律的脉冲，有一段时间，天文学家半开玩笑地称这种新的射电波源为 "LGM" ①。如今我们把这种快速脉冲射电波源称为脉冲星。

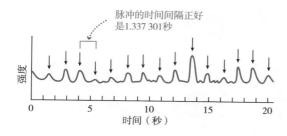

图 2-7　乔斯琳·贝尔发现的第一颗脉冲星的数据

　　脉冲星之谜很快就解开了。到 1968 年底，天文学家在船帆星云和蟹状星云这两个超新星残骸的中心发现了脉冲星（见图 2-8）。他们得出结论，脉冲星是超新星爆发后留下的中子星。

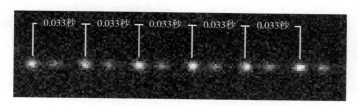

图 2-8　超新星残骸蟹状星云中心的脉冲星的延时图像

注：图像显示，它的主脉冲每隔 0.033 秒重复一次。较微弱的脉冲被认为来自脉冲星的另一束类似灯塔光的光束。

资料来源：照片由欧洲南方天文台的甚大望远镜拍摄。

　　脉冲星之所以发出"脉冲"，是因为角动量守恒导致中子星高速自转。当铁核坍缩成中子星时，它的自转速度必须随着体积的缩小而增加。坍缩还使穿过核心的磁感线更加紧密，极大地增强了磁场的强度，因此，中子星的磁场强

---

① 即 Little Green Men 的缩写，意为小绿人。

度可能是地球的 1 万亿倍。这个强大的磁场引导辐射束沿着中子星的磁极发射出去。如果中子星的磁轴与它的自转轴不在一条直线上，那么每一束辐射就会像灯塔的光束一样一圈又一圈地扫过，因此每次光束扫过地球时，我们就会看到一束辐射脉冲（见图 2-9）。

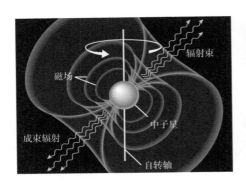

（a）　　　　　　　　　　　　　（b）

图 2-9　旋转中子星发出的辐射脉冲

注：图（a），脉冲星是一颗旋转的中子星，沿其磁轴发射辐射。图（b），如果磁轴与自转轴不在一条直线上，那么脉冲星的光束就会像灯塔的光束一样扫过太空。每次脉冲星的光束扫过地球时，我们就看到个辐射脉冲。

　　脉冲星并不是非常精准的时钟。脉冲星的磁场不断旋转会产生电磁辐射，将能量和角动量带走，从而使中子星的自转频率逐渐减慢。例如，蟹状星云中的脉冲星目前每秒旋转约 30 周。两千年后，它的自转频率会不到现在的一半。最终，脉冲星的自转频率会变得很慢，它的磁场变得很弱，因而我们再也无法探测到它。此外，有些中子星的自转可能是定向的，这样它们的光束就不会扫过地球。因此，我们可以得出以下规律：所有的脉冲星都是中子星，但并不是所有的中子星都是脉冲星。

我们知道脉冲星一定是中子星，因为其他大质量天体都不会旋转得这么快。例如，白矮星的自转频率不超过 1 周 / 秒，自转比这快的话，它会撕裂，因为它的引力不够强大，不足以把自身结合在一起。我们已发现，脉冲星的自转频率高达 625 周 / 秒。只有像中子星这样小而致密的天体才能旋转得这么快而又不解体。

## 双星系统中的中子星

就像密近双星系统中的白矮星一样，从伴星（主序星或巨星）溢出的气体可以在密近双星系统的中子星周围产生一个炽热的旋涡状吸积盘。然而，中子星的引力更强，使得它的吸积盘比白矮星周围的吸积盘温度更高、密度更大。

吸积盘内部的高温使其发出强烈的 X 射线辐射。有些带有中子星的密近双星发出的 X 射线的能量是太阳发出的所有波长光的能量总和的 10 万倍，所以我们称之为 X 射线双星。有时，集聚在中子星表面的气体会经历类似于新星的核聚变过程，但发出的光大多数为 X 射线。

恒星残骸的故事如果以白矮星和中子星结束，就够奇异的了，但事实并非如此。有时，恒星残骸的引力会非常强大，此时没有什么能阻止它在自身重力的作用下坍缩。恒星残骸无休止地坍缩，最终把自己压垮，形成宇宙中可能最奇异的天体——黑洞。

## Q3　黑洞真的是一个"洞"吗？

黑洞的基本思想起源于 18 世纪末，那时牛顿运动定律和万有引力定律已经广为人知，科学家开始思考质量大而半径小的天体表面的引力问题，他们特别想知道这样一个天体的引力是否会强大到任何东西，甚至是光，都无法逃脱。

## 逃逸速度

为了说明引力阻止物体逃逸所需的条件，我们以绕地球运行的宇宙飞船为例。发射火箭使宇宙飞船获得了更多的动能，宇宙飞船运行的轨道就会更大。如果宇宙飞船获得了足够的动能，它就可以在不受引力束缚的轨道上运行，这样它就完全逃离了地球（见图 2-10）。虽然说宇宙飞船获得了"逃逸能量"可能更有意义，但我们一般说它获得了逃逸速度，因为宇宙飞船逃逸所需的速度不取决于它的质量。从地球表面逃逸的速度约为 11 千米 / 秒，这是地球表面的任何物体摆脱地球引力所需的最小速度。

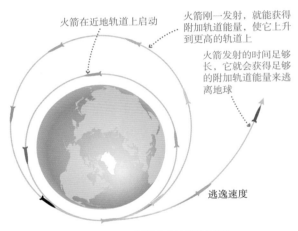

图 2-10　火箭逃离地球的过程

注：如果绕地球运行的物体获得了能量，它就会上升到更高的
轨道上。如果有了足够的附加轨道能量，它就可以达到逃逸速
度。从地球表面逃逸的速度约为 11 千米 / 秒。

现在想想，如果我们能使地球在保持质量不变的情况下体积缩小，会发生什么呢？因为地球表面的引力强度与其半径的平方成反比，因此地球的密度越大，逃逸速度就越大。如果我们能把地球压缩到高尔夫球大小，它的逃逸速度就会达到光速。18 世纪的科学家认为，这样的天体发出的光就像向上抛的一块石头，石头最终会减速至零，然后再落下来。

　　爱因斯坦的广义相对论表明，极其致密、质量巨大的天体比 18 世纪人们想象的要奇怪得多，但其基本思想是正确的：天体的引力确实有可能强大到连光都无法逃脱。我们称这样的天体为黑洞。这个名称中的"黑"字源于没有光可以逃逸这一事实，"洞"字表达黑洞就像可观测宇宙中的一个洞，如果你进入了黑洞，就离开了我们用望远镜可以观测到的宇宙区域，而且永远无法返回。

## 黑洞的形成

　　当质量巨大的天体被以某种方式挤压成体积小很多的天体时，黑洞就形成了。我们已经了解到，当质量巨大的恒星的铁核达到太阳质量 1.4 倍的白矮星极限时，它内部会发生极其剧烈的挤压，电子简并压无法抵抗质量超过此极限的天体的引力，因而核心坍缩形成中子星，这样就引发了白矮星超新星爆发。

　　计算表明，中子星的质量极限大约在太阳质量的 2 ～ 3 倍，大于这个质量，中子简并压就无法阻止引力对坍缩的恒星核心的挤压。因为超新星爆炸会将核心周围的所有物质喷出，使其质量低于这个极限，所以人们认为，大多数超新星会留下中子星。

　　然而，理论模型表明，巨大的恒星可能无法成功地"吹"走上层的所有物质。如果有足够多的物质落回核心，它的质量可能会超过中子星的极限。一旦超过了极限，引力就会克服中子简并压，核心就会再次坍缩。这一次，任何已知的力量都无法阻止核心坍缩，直至毁灭。

　　根据爱因斯坦的相对论，任何未知的力量都不太可能介入并阻止坍缩。爱因斯坦的理论告诉我们，能量等同于质量（$E=mc^2$），这意味着能量和质量一样，一定会产生某种引力。纯能量的引力一般很小，但对于因坍缩质量超过中子星极限的恒星核心来说，情况并非如此。此时，与快速上升的温度和压力相关的能量，就像附加质量一样，使引力的挤压能力更加强大。核心越坍缩，引力就越强。据我们所知，此时没有什么能阻止引力的挤压。核心无休止地坍缩，形成黑洞。

## 事件视界

黑洞内部与外部宇宙之间的边界称为事件视界。事件视界本质上标志着物质进入黑洞的不归点，它是黑洞周围的边界。在这个边界上，逃逸速度等于光速，任何穿过这个边界的物体都无法逃脱。事件视界得名于这样一个事实，即我们没有希望了解事件视界内发生的任何事件。我们通常认为黑洞的"大小"就是事件视界的半径，这个半径被称为史瓦西半径，以 1916 年推导出史瓦西半径公式的人命名。黑洞的史瓦西半径只取决于它的质量。质量与太阳相当的黑洞，其史瓦西半径约为 3 千米，只比同等质量的中子星的半径小一点。黑洞的质量越大，其史瓦西半径也越大。例如，质量为太阳质量 10 倍的黑洞，其史瓦西半径约为 30 千米。

你可能想知道黑洞的事件视界内会发生什么。爱因斯坦的相对论认为，没有什么可以阻止黑洞中引力的挤压。这意味着形成黑洞的所有物质最终一定会被挤压到黑洞中心的一个无限小且无限密集的点上，我们称这个点为奇点。不幸的是，关于奇点的观点突破了当今科学知识的极限。问题在于，两个非常成功的理论对奇点的性质做出了截然不同的预测。爱因斯坦的广义相对论似乎成功地解释了引力是如何在整个宇宙中发挥作用的，该理论预测，时空进入奇点时应该会无限弯曲。而量子物理学成功地解释了原子的本质和光的光谱，该理论预测，在奇点附近，时空应该会无序波动。这两种预测截然不同，目前还没有任何理论可以使两者和谐统一。

## 黑洞附近的空间和时间

爱因斯坦发现，空间和时间实际上是结合在一起的四维时空，而引力源于时空的曲率。图 2-11 用一个二维胶片来表示时空的所有 4 个维度。在这个模拟图中，在远离任何质量的区域内，胶片是平坦的（见图2-11a）。在引力很强的大质量天体附近，胶片变弯曲了（见图2-11b）；引力越强，胶片的弯曲度就越大。在这个模拟图中，黑洞就像时空中的无底洞（见图2-11c），我们离黑洞越近，引力就越强，所以胶片的弯曲度就越大。请记住，这张图只是个模拟，黑洞实际上是球形的，而不是漏斗形的。

爱因斯坦的广义相对论还预言，随着引力增强，时间会变慢。通过地球引力场中的时钟实验和对引力红移的观测，这一预言已得到了证实。引力红移发生在太阳和其他恒星的光谱中，因为在临近其表面引力强大之处的时间变慢，这意味着发射的光的波长增大。在黑洞附近，引力红移对时间的影响极大。原则上，你可以借用表盘数字闪着蓝光的完全相同的两个时钟来验证这个预测。假设你在离事件视界几千千米的圆形轨道上绕一个质量为太阳质量10倍，史瓦西半径为30千米的黑洞运行。在这个轨道上你很

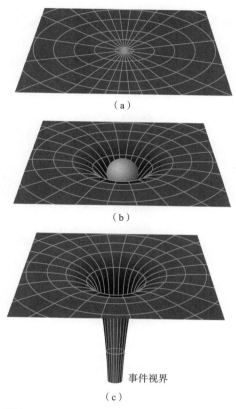

（a）

（b）

事件视界

（c）

图2-11 用二维胶片来模拟四维时空中的曲率

注：图（a），"平坦"时空的二维表示每对圈之间的径向距离相同。图（b），质量对胶片的影响类似于引力对时空曲线的影响。当我们近距离观察天体的质量时，圈圈之间的距离变得更大，这表明曲率更大。图（c），我们离黑洞越近，时空的曲率就越大，而黑洞本身就是时空中的无底洞。

稳定，无须担心会被"吸入"，这样你就可以进行实验了：将一个时钟放置在宇宙飞船上，用一枚小型火箭将另一个时钟推向黑洞，这枚小型火箭的发动机的动力刚好能使时钟逐渐向事件视界下落（见图 2-12）。根据相对论，在火箭飞向黑洞时，火箭上的时钟会走得很慢，因此它光线的波长会越来越大（红移）。当时钟到达事件视界上方约 10 千米的距离时，你会看到它走时的速度只有飞船上时钟的一半，而且表盘上的数字会呈现红色而非蓝色。

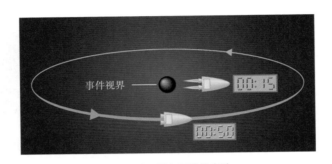

图 2-12　引力红移的实验

注：离黑洞越近，时钟上的时间变得越慢，引力红移使闪着蓝光的表盘数字从宇宙飞船上看是红色的。

当火箭燃料耗尽时，时钟就开始向黑洞坠落。在宇宙飞船内安全有利的位置上，你会看到时钟随着下落走得越来越慢。然而，你很快就需要通过射电望远镜才能"观察"它，因为时钟表面发出的光会从可见光谱的红色部分转移到红外部分，然后再到射电信号。红移很快就会变得非常大，致使任何望远镜都无法探测到时钟的光。当时钟从视野中消失时，你会看到时钟上的时间停止了。

为了进一步说明黑洞有多么诡异，想象一下，你的一个朋友在宇宙飞船上穿上太空服，拿起另一个时钟，将时钟重置，然后从气闸室跳出来，直接瞄准黑洞而去。他下落时，手里拿着时钟并看着，但因为他和时钟一起下落，时钟似乎正常运行，表盘上的数字也一直是蓝色的。在他看来，时间似乎既没有加快也没有放慢。当时钟读数为 00：30 时，他和时钟穿过事件视界，那里没有屏障，没有墙壁，没有坚硬的表面。事件视界是数学边界，不是物理边界。从他的视角来看，时钟一直在运转，他进入了事件视界内，他是有史以来第一个消失在黑洞中的人。

•━ 趣味问答 ━•

**如果太阳变成黑洞，地球会被吸进去吗？**

　　如果太阳突然变成了黑洞，会发生什么呢？出于某种原因，地球和其他行星不可避免地会被黑洞"吸入"的想法已经成为我们流行文化的一部分，但这并不是真的。虽然太阳的光和热突然消失对生命来说是个坏消息，但地球的轨道不会改变。根据牛顿万有引力定律，引力场中允许的轨道类型有椭圆形、双曲线形和抛物线形。请注意，被"吸入"的情况并不在类型之列！只有当地球距离黑洞非常近（大约在史瓦西半径的 3 倍之内），使得引力明显偏离万有引力定律的预测时，地球才会陷入困境。否则，它还会继续在普通的轨道上运行。

　　太空旅行者也不必担心会撞上黑洞，因为大多数黑洞都很小。它们典型的史瓦西半径远远小于任何恒星或行星的半径，因此黑洞实际上是宇宙中最不容易意外落入其中的东西之一。

　　再回到宇宙飞船上，你惊恐地看着自己的朋友坠落身亡。然而，从你的视角来看，他永远不会穿越事件视界。就在他从视野中消失时，因为光的巨大引力红移，你会看到对他和时钟而言，时间停止了。你回到地球后，可以在审判时为法官播放一段视频，证明你的朋友仍在黑洞之外。虽然这看起来很奇怪，但所有这些事件都与爱因斯坦的理论相吻合。从你的视角来看，你的朋友需要相当长的时间才能穿越事件视界，即使他因为不断增加的红移而从你的视野中消失了。而从他的视角来看，就在他坠落的一瞬间就湮没无闻了。

　　这个故事真正令人悲哀的是，你的朋友并没有活着体验穿越事件视界的过程。在他接近黑洞时，引力增长非常快，从而使引力对他脚部的拉力比对他头部的拉力要大得多，他同时被纵向拉伸和横向挤压（见图 2-13）。从本质上来说，你的朋友被拉伸的方式与海洋被潮汐力拉伸的方式是一样的，只是黑洞附近的潮汐力比月球对地球的潮汐力强数万亿倍，没有人能从中存活下来。

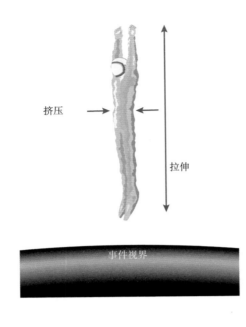

挤压

拉伸

事件视界

图 2-13　黑洞附近的潮汐力

注：在恒星坍缩形成的黑洞附近，潮汐力是致命的。黑洞对宇航员脚部的拉力要大于对其头部的拉力，并将他纵向拉伸、横向挤压。

# Q4　如何证明黑洞真的存在？

你可能会想，既然黑洞不发光，那我们又怎么能探测到它，从而证明它的存在呢？事实上，黑洞的引力会影响它周围的环境，这揭示了黑洞的存在。

关于黑洞存在的最早观测证据源自对 X 射线双星的研究。天文学家发现，有些 X 射线双星含有的天体质量太大，因而不可能是中子星。例如，名为天鹅座 X-1 的 X 射线双星（见图 2-14），它由一颗极其明亮的恒星和一颗看不见的致密伴星组成。恒星的质量估计为太阳质量的 19 倍。根据多普勒频移推断出的轨道速度，伴星的质量估计为太阳质量的 15 倍。尽管这些估计具有一定的不确定性，但这个看不见的天体的质量显然超过了太阳质量 3 倍的中子星质量极限。因此，它的质量太大，不可能是中子星，所以根据目前的知识判断，它一定是黑洞。从其他几十个 X 射线双星中也获得了类似的证据，这些证据证明黑洞是由大质量恒星核心坍缩形成的。

图 2-14　艺术家对天鹅座 X-1 系统的构想图

注：该系统之所以这样命名，是因为它是天鹅座中最明亮的 X 射线源。这些 X 射线来自黑洞周围吸积盘中的高温气体。插图显示的是天鹅座 X-1 在天空中的位置。

　　观测还表明，超大质量黑洞（有些质量是太阳质量的数百万倍或数十亿倍）位于许多星系的中心。我们将在下一章中讨论，这些黑洞的形成方式一定不同于 X 射线双星中的恒星质量黑洞，它们被认为是宇宙中一些最明亮天体的能量来源。然而，黑洞存在的最有力证据是最近获得的两种直接证据：超大质量黑洞的射电图像以及对遥远恒星质量黑洞合并的引力波观测。最重要的是，虽然以地球的标准来看，白矮星、中子星和黑洞似乎很诡异，但强有力的证据表明，这 3 种类型的天体确实存在，并在宇宙中发挥着重要作用。这一事实意味着，我们现在可以为上一章讨论的压力和引力之间较量的故事画上最后的句号了。图 2-15 展示的是恒星的命运是如何取决于其诞生时的质量的。诞生时质量小于太阳质量 0.08 的天体永远不会成为恒星，因为在核聚变使它们达到平衡之前，简并压会阻止它们收缩。诞生时质量小于太阳质量 8 倍的恒星最终会成为白矮星，因为在核聚变产生铁之前，简并压阻止了它们核心的收缩。质量更大的恒星要么成为中子星，要么成为黑洞，这取决于超新星爆炸后残留的核心的质量是否超过了中子星极限。

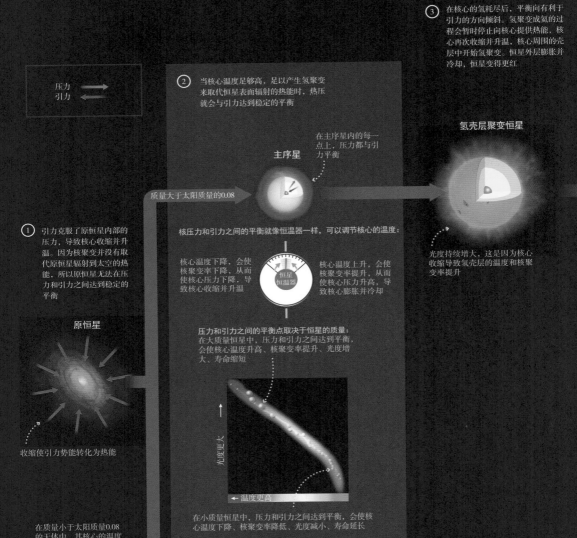

③ 在核心的氢耗尽后，平衡向有利于引力的方向倾斜。氢聚变成氦的过程会暂时停止向核心提供热能，核心再次收缩并升温，核心周围的壳层中开始氢聚变。恒星外层膨胀并冷却，恒星变得更红

② 当核心温度足够高，足以产生氢聚变来取代恒星表面辐射的热能时，热压就会与引力达到稳定的平衡

在主序星内的每一点上，压力都与引力平衡

**主序星**

**氢壳层聚变恒星**

质量大于太阳质量的0.08

① 引力克服了原恒星内部的压力，导致核心收缩并升温。因为核聚变并没有取代原恒星辐射到太空的热能，所以原恒星无法在压力和引力之间达到稳定的平衡

光度持续增大，这是因为核心收缩导致氢壳层的温度和核聚变率提升

核压力和引力之间的平衡就像恒温器一样，可以调节核心的温度：

核心温度下降，会使核聚变率下降，从而使核心压力下降，导致核心收缩并升温

恒星恒温器

核心温度上升，会使核聚变率提升，从而使核心压力升高，导致核心膨胀并冷却

压力和引力之间的平衡点取决于恒星的质量：在大质量恒星中，压力和引力之间达到平衡，会使核心温度升高、核聚变率提升、光度增大、寿命缩短

**原恒星**

↑ 光度更大

← 温度更高

收缩使引力势能转化为热能

在质量小于太阳质量0.08的天体中，其核心的温度在未高到足以产生稳定的核聚变之前，简并压就与引力达到了平衡。这些天体永远不会成为恒星，最终将成为褐矮星

质量小于太阳质量的0.08

在小质量恒星中，压力和引力之间达到平衡，会使核心温度下降、核聚变率降低、光度减小、寿命延长

压力 ⇌ 引力

## 图 2-15　平衡压力与引力

注：我们可以根据压力和引力之间平衡的不断变化了解恒星的整个生命周期。这张图展示了这种平衡是如何随时间而变化的，以及为什么这些变化取决于恒星诞生时的质量。恒星并非以实际比例显示。

④ 当核心温度上升到足以使氦聚变成碳时，热压和引力之间就恢复了平衡，因为氦聚变成碳可以再次提供核心辐射的热能

⑤ 在核心的氢耗尽后，引力再次超过压力。就像以前一样，核聚变无法提供核心辐射的热能，因此，核心再次收缩并升温，在碳核周围的壳层中开始氦聚变

⑥ 在大质量恒星中，核心继续收缩，导致多个壳层聚变，聚变最终以生成铁核和超新星的爆炸结束

⑦ 在恒星生命的最后阶段，要么简并压与引力达成永久平衡，要么恒星变成黑洞。恒星的最终状态取决于残留核心的质量

**氢原子核聚变恒星**

**双壳层聚变恒星**

**多壳层聚变恒星**

**黑洞**

简并压不能平衡黑洞中的引力

**中子星**
（质量＜太阳质量的3倍）

在质量小于太阳质量2～3倍的恒星残骸中，中子简并压能平衡引力

大质量

光度保持稳定，因为氦原子核聚变恢复了平衡

**白矮星**
（质量＜太阳质量的1.4倍）

小质量

小质量恒星核心的温度足够高，在足以发生更重元素的聚变前，电子简并压平衡了引力。恒星将其外层喷出，最终成为白矮星

在质量小于太阳质量1.4倍的恒星残骸中，电子简并压能平衡引力

**褐矮星**
（质量＜太阳质量的0.08）

简并压使褐矮星的体积保持稳定，即使它随着时间的推移不断冷却

# Q5　引力波观测对我们有什么用？

爱因斯坦的广义相对论做出了许多预测，其中很多已经经过了检验和验证。但在这些预测中有一种神秘的波，就连爱因斯坦本人也怀疑它是否能被探测到，它就是引力波。

现在，我们已经探测到了引力波。科学家是如何攻克这个难题的呢？这就要从引力波探测器说起了，它为天文学家提供了一种全新的观察宇宙的方法。

回顾一下图 2-11，该图利用胶片模拟来说明质量导致时空弯曲的观点。在胶片上，任何重大的变化，例如突然改变其中一个天体的质量，或者让两个大质量天体近距离绕对方运行，都会改变时空的曲率，并产生从变化点向外扩散的波纹。爱因斯坦预言，时空变化一定也会产生类似的波纹，他把这些波纹称为引力波。他预测，引力波会像光波一样，携带能量（但没有质量）以光速穿过太空，但他对我们能否探测到引力波表示怀疑。对科学来说幸运的是，自然界的引力波远比爱因斯坦预期的更强大，我们的技术进步也超出了爱因斯坦的想象。

要理解引力波存在的证据，可以通过一个由两颗中子星组成的密近双星系统说明。这样的系统会产生强大的引力波，将轨道能量从系统带走，从而引起轨道衰变（见图 2-16）。这个过程起初是渐进的，但随着轨道进一步衰变，引力波的强度和频率就会增加，这一过程因而会加速。两颗中子星最终会合并，合并又会产生特别强烈的引力波脉冲。类似的过程也会发生在近距离运行的其他大质量天体上，比如两个绕轨道运行的黑洞。

第一对双中子星是在 1974 年被发现的，观测结果很快显示，该系统中的轨道正以广义相对论所预测的速度衰减（见图 2-17）。观测结果和理论预测相吻合使科学家充满了信心，他们相信引力波确实存在，但证明引力波存在的证据仍是间接证据。

波纹代表引力波将能量从系统中带走

轨道能量损失意味着轨道必然衰变

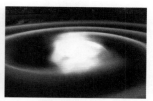
直到两个天体最终合并，产生特别强的引力波脉冲

**图 2-16 两颗中子星组成的双星系统产生的引力波**

注：这组图利用胶片模拟来说明由两颗中子星组成的双星系统产生的引力波。引力波带走了轨道能量，引起轨道衰变，直到两颗中子星碰撞并合并在一起。完成这组图（从左到右）中的过程通常需要几千万年的时间。

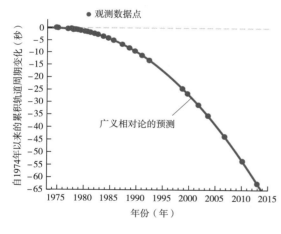

**图 2-17 第一对双中子星的累积轨道周期变化**

注：这张图展示的是第一对被发现的双中子星（以其发现者的名字命名为赫尔斯－泰勒系统）的数据。图中的圆点是观测到的数据点，红色曲线表示广义相对论基于系统会发射引力波这一假设而做的预测。两者几乎完全吻合为引力波的存在提供了第一个有力的证据。

资料来源：数据由乔尔·韦斯伯格（Joel Weisberg）和黄玉平（Yuping Huang）提供。

事实证明，直接探测引力波更具挑战性，但几十年来我们努力开发必要的技术，最近在激光干涉引力波天文台（LIGO）方面取得了成效（见图 2-18）。引力波在经过天体时，会交替地压缩天体和使天体膨胀，但天体形状的变化极其微小。因此，LIGO 利用激光束沿着一对 4 千米长的 L 形臂来回移动来寻找这种压缩和膨胀。该装置之所以被称为干涉仪，是因为它利用两束激光产生的干涉图样来测量因臂长变化而引起的光传播时间的微小变化。LIGO 非常灵敏，它可以测量比质子小得多的臂长变化！为了确保这样微小的变化不是局部的伪影，科学家必须在多个地点测量到相同的信号，所以 LIGO 使用两个探测器臂（一个在华盛顿州汉福德，一个在路易斯安那州利文斯顿）。

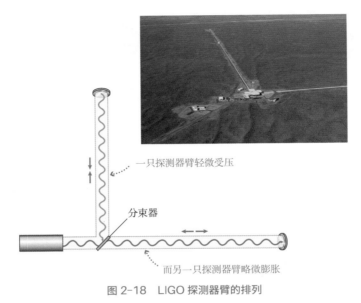

一只探测器臂轻微受压

分束器

而另一只探测器臂略微膨胀

图 2-18　LIGO 探测器臂的排列

注：激光束用来测量引力波经过时臂长极其微小的变化。插图显示的是位于华盛顿州汉福德的 LIGO 探测器臂。

　　LIGO 在 2015 年全面投入使用后仅数周就首次探测到了引力波（见图 2-19）。根据引力波的频率和强度，科学家得出结论，这第一个脉冲来自两个黑洞的合并。对信号到达两个 LIGO 探测器臂的时间差进行的测量证实，引力波以光速传播。随后又进行了几次探测。2017 年，位于意大利的第三个探测器（称为处女座）也加入 LIGO 的探测中。此后不久，科学家宣布首次在密近双星系统中探测到中子星合并（见图 2-16）。

　　由于引力波携带的信息与光波携带的信息不同，我们探测引力波的全新能力事实上为我们打开了一扇了解宇宙的新窗口。引力波天文学还处于起步阶段，但天文学家对它的未来寄予厚望，他们已在开发比 LIGO 更灵敏的探测器。

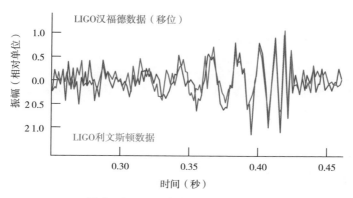

图 2-19　LIGO 探测到的引力波信号

注：2015 年 9 月 14 日，位于华盛顿州汉福德和路易斯安那州利文斯顿的两个 LIGO 实验探测器探测到的引力波信号。LIGO 探测器臂需足够灵敏，足以记录小于 $1/10^{21}$ 的振动（应变），这样才能探测到信号。对信号的分析表明，该信号来自距离为 13 亿光年的两个黑洞的合并，每个黑洞的质量约为太阳质量的 30 倍。

## 要点回顾

**The Cosmic Perspective Fundamentals >>>**

- 白矮星的质量越大, 体积越小, 因为质量越大, 引力就越强, 就会将物质压缩到越大的密度。

- 如果你愚蠢地选择了去探访中子星的表面, 引力会立即将你挤压成一个由亚原子粒子组成的极薄的薄饼。

- 黑洞是质量和密度都非常大的天体, 包括光在内的任何物体都无法从黑洞中逃脱。黑洞形成的一种方式是在超新星中残留下一个质量超过中子星极限 (太阳质量的 2~3 倍) 的核心。

- 黑洞不发光, 但其引力效应可以揭示它们的存在。

- 广义相对论预言了以光速传播的引力波的存在。最强的引力波应该来自近距离运行的大质量天体或巨大爆炸。

# 03

## 星系是如何诞生的

# 妙趣横生的宇宙学课堂

- 裸眼看到的银河系是真实的吗?

- 银河系如何孕育恒星?

- 我们能观测到银河系以外的星系吗?

- 为什么星系也会有"高矮胖瘦"?

- 星系中心是否存在超大质量黑洞?

星系是由引力作用结合在一起的恒星岛。如果我们能从几百万光年外看到银河系，它看起来会和照片上的星系很相似。可观测的宇宙中还有一千多亿个大型星系，在这些星系中，恒星形成于氢气尘埃云，它们从氢气中融合出新的元素，并在死亡时将这些新元素增添到星系的气体云中。

因此，星系就像一个巨大的生态系统，在这个生态系统中，气体在恒星间循环，逐渐形成了构成行星和维持生命所必需的元素。

本章内容，你将学习星系是如何运作的，特别将了解到恒星形成的历史是如何使星系成为我们如今看到的样子的。

## Q1 裸眼看到的银河系是真实的吗？

在可观测宇宙中，有一千多亿个璀璨的星系，目前已知最古老的星系可追溯至 135.5 亿年前，最远的星系则距离地球 132 亿光年，最大的星系长达 1630 万光年，几乎是银河系的 102 倍。数不胜数的星系，共同构成了宇宙的奇妙景象。地球所处的银河系是我们唯一能观察到其详尽细节的星系。

从地球上看，银河系看起来像一条穿过天空的光带（见图 3-1）。Milky Way（银河）这个名字来源于这条带子的外观，在古代人看来，它就像一条流动的牛奶制成的丝带。事实上，就连 galaxy（星系）这个词也来自希腊语中的 galactos（牛奶）一词。

图 3-1　在地球上看到的银河系

注：这张照片拍摄的是夏威夷州毛伊岛上哈莱阿卡拉火山口上空的银河系。光带中心下方（略偏左）的亮点是木星。

因为我们就生活在银河系，所以想要确定它的真实大小和形状有点像"不识庐山真面目，只缘身在此山中"。同时，因为银河系的大部分可见光都被隐藏起来了，我们看不到，使得探索银河系这项任务很艰难。直到最近几十年，我们才开发出了相关的技术，利用其他波长的光来观察银河系。

通过仔细观察银河系，并将它与其他星系进行比较，我们已经对银河系的结构以及形成过程有了充分的了解。探索银河系的结构和运动，探讨维持恒星生死循环的星系过程，考察银河系的中心以及我们收集到的关于银河系形成的线索，我们会认识到，我们不仅是"恒星物质"，而且是"星系物质"，是银河系中物质和能量经过亿万年循环往复和再加工的产物。

## 银河系的结构

与我们在地球上看到的呈带状不同，图 3-2 显示的是银河系从外部看到的样子。我们说银河系是一个旋涡星系，因为从正面看，可以看到它壮观的旋臂。从侧面看，旋臂融合成一个包含 1 000 多亿颗恒星的薄圆盘，圆盘的中心有个明亮的中央核球，围绕着圆盘的是一个巨大的、大致成球形的晕。除约 200 个球状星团以外，晕几乎是看不见的。

 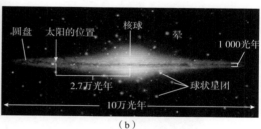

（a）　　　　　　　　　　　　　（b）

图 3-2　银河系

注：图（a），从外部看到的银河系的艺术家构想图。图（b），银河系的侧面示意图。

这个圆盘的直径约为 10 万光年，但厚度只有约 1 千光年。太阳位于圆盘内，距银河系中心约 2.7 万光年，即从中心到圆盘边缘距离的一半多一点。请记住，这个距离是极其巨大的。假若以太阳为起点前往银河系中心，即使按照光速前进，也需要 2.7 万年。此前科学家还曾测算出，太阳绕银河系中心一周所需要的时间则超过了 2 亿年。遥远的距离下，肉眼可见的几千颗恒星在图 3-2 中只是一个小圆点。

银河系圆盘中充满了星际气体和尘埃，它们统称为星际介质，当我们试图用可见光观察银河系时，这些尘埃状的、烟雾状的星际介质将大部分银河系隐藏了起来，阻挡了我们的视线，我们无法直接透过它们观察银盘。因此，天文学家长期以来一直误以为我们生活在银河系中心附近。星际介质中的尘埃气体云为银河系中所有恒星的形成提供了原材料。

## 盘族恒星的轨道

银河系的结构反映了恒星在其中的运行方式。圆盘上的恒星大致以圆形的轨道运行，所有的恒星几乎都在同一平面上向同一方向运行。如果你能站在银河系外观察它几十亿年，你会发现这个圆盘就像一个巨大的旋转木马，单颗恒星就像旋转木马上的木马一样，在绕轨道运行时会在圆盘中上下摆动。恒星绕银河系运行的轨道一般是由将恒星向银河系中心吸引的引力形成的，而摆动是由圆盘内部的局部引力引起的（见图 3-3）。圆盘上方"太远"的恒星会被引力拉回圆盘中。因为星际气体的密度太低，无法使恒星减速，所以恒星会穿过圆盘，飞至圆盘另一侧下方"太远"的地方，然后引力将它反方向拉回，这个过程不断持续就会使恒星上下摆动。

图 3-3　盘族恒星（黄色所示）、核球处恒星（红色所示）和
晕族恒星（绿色所示）围绕银河系中心运行的特征轨道

盘族恒星上下运动，使圆盘的厚度达到约 1 000 光年。以人类的标准来看，这是个很大的距离，但它仅为圆盘 10 万光年直径的 1% 左右。在太阳附近，每颗恒星的轨道运行周期为 2 亿年以上，而每一次上下摆动需要几千万年。

银河系旋转与旋转木马有一个重大的不同：在旋转木马上，靠近边缘的木马比靠近中心的木马的移动速度要快很多。但在我们的银河系圆盘中，靠近边缘的恒星和中心附近的恒星的轨道速度大致相同。靠近边缘的恒星运行的速度高得惊人，这为暗物质的存在提供了重要的证据。

## 晕族恒星和核球处恒星的轨道

晕族恒星的轨道不像盘族恒星的轨道那么井然有序。单个晕族恒星绕银河系中心运行时，其轨道或多或少是椭圆形的，但这些轨道的方向是相对随机的（见图 3-3）。相邻的晕族恒星可以以相反的方向绕银河系中心运行，它们从圆盘上方的高空俯冲到银盘下方很远的地方，然后再返回。它们穿过圆盘时的速度非常快，圆盘的引力几乎不会改变它们的轨迹。晕族恒星向下猛冲的轨道解释了银河系晕比圆盘膨大得多的原因。核球处恒星的轨道与晕族恒星的轨道有点类似，因为核球处恒星在圆盘的上方和下方都会急速通过。但观测表明，许多核球处恒星轨道运行的方向与盘族恒星大致相同。

## 银河系循环

仔细观察银河系的圆盘就会发现，恒星在其中不断地形成和消亡，这一过程我们称之为恒星 - 气体 - 恒星循环（见图 3-4）。当引力导致星际介质中的分子云坍缩时，恒星就诞生了。它们通过核聚变产生的能量发光数百万年或数十亿年，只有当它们耗尽核聚变的燃料时才会死亡。当恒星死亡时，它们将大部分物质送回星际介质中，小质量恒星通过行星状星云将物质送回，而大质量恒星通过超新星将物质送回。

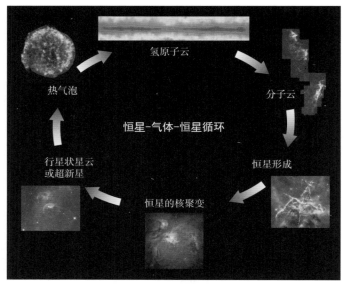

图 3-4　恒星 - 气体 - 恒星循环

恒星 - 气体 - 恒星循环的其余阶段发生在星际介质中。恒星喷出的气体，特别是超新星爆炸产生的气体，通常以热气泡的形式进入星际介质。图 3-5 展示的是一颗有 400 年历史的超新星爆炸产生的气泡，其中含有的电离气体温度非常高，足以发射 X 射线。这种百万摄氏度的气体需要数千年才能冷却，但最终达到了 $10^4$ 开尔文左右的温度。这个温度仍然相当高，但也低到

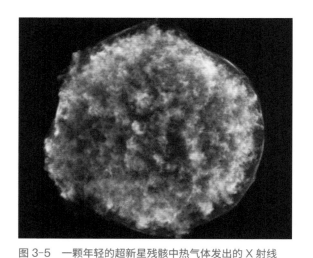

图 3-5　一颗年轻的超新星残骸中热气体发出的 X 射线

注：能量最高的 X 射线（蓝色所示）源自伴随冲击波向外扩充的 2 000 万℃的气体，而能量较低的 X 射线（绿色和红色所示）源自恒星爆炸时喷射出的 1 000 万℃的残骸，这些残骸的直径约为 20 光年。

资料来源：这张图像来自钱德拉 X 射线天文台。

了足以使氢原子保持中性而不是被电离的程度。虽然这种高温的气体含有大量的氢和少量的其他元素，但我们把它称为氢原子气体。通过对波长为 21 厘米的光谱线进行射电观测，绘制银河系中氢原子气体的分布图，我们得知，氢原子气体分布在整个银河系圆盘中。数百万年来，物质一直处于高温的氢原子阶段，在此期间，引力慢慢地将一团团的原子气体聚集成更紧密的团块。随着这些团块的密度增加，它们会辐射能量，并很快冷却。即便如此，按照地球的标准来看，星际介质仍然是近乎完美的真空：每立方厘米平均只含有一个氢原子。

这些气体团块的温度最终降至 100 开尔文以下，使氢原子配对成氢分子。然后，这些温度较低的致密团块随后成为分子云，继而形成恒星，由此完成了恒星 - 气体 - 恒星的循环。氢分子（$H_2$）是迄今为止分子云中含量最丰富的分子，但由于温度太低，气体无法产生分子氢发射线，所以它很难被探测到。我们对分子云的了解大多来自观察分子谱线，而这些产生分子谱线的分子只占分子云质量的一小部分。一氧化碳是这些分子中含量最丰富的，当分子云的温度为 10 ～ 30 开尔文时，它在光谱的射电部分产生强烈的发射线。

除了可能促成新一代恒星形成，这种银河系循环过程还逐渐改变了星际介质的化学成分。回想一下，在宇宙早期的化学成分中，氢和氦几乎占 100%，恒星产生了更重的元素，新产生的元素与其他星际气体混合，并融合到新一代的恒星中，太阳系就这样拥有了组成地球的元素。如今，由于银河系循环已经进行了 120 亿年以上，比氦重的元素约占银河系气体质量的 2%，其余的 98% 由氢（约占 70%）和氦（约占 28%）组成。

## 恒星形成区

自银河系诞生以来，恒星 - 气体 - 恒星循环就一直在持续进行，但新生恒星并不是均匀地分布在银河系中，有些区域内的新生恒星似乎比其他区域内的多得多。富含分子云的星系环境往往容易孕育出新的恒星，而气体贫乏的环境则不然。但分子云很暗，很难被看到，所以我们经常得寻找恒星形成的其他迹象。

只要我们看到炽热的大质量恒星，就知道已经发现了一个活跃的恒星形成区。因为这些恒星一生短暂，年轻时就会消亡，所以它们从未有机会远离自己出生时的伙伴。因此，它们标志着星团的存在，星团中许多质量较小的伴星仍在形成中。

在这些炽热的恒星附近，我们经常会发现五颜六色的、飘忽不定的发光气体团，它们被称为电离星云，有时也被称为发射星云或电离氢区。这些星云之所以发光，是因为它们原子中的电子在吸收来自炽热恒星的紫外光子时被提升到了高能级或被电离，因此当电子回落到较低的能级时，它们就会发光。比如猎户座星云，位于猎户座的"剑"[①]中，距离我们约 1 500 光年，作为银河系内最近的恒星诞生地，猎户座星云包含数以千计的新生恒星与孕育恒星的柱状星际尘云，是最著名的星云之一（见图 3-6），也是天文摄影爱好者和天文学家热门观测对象之一，甚至只需一架普通双筒望远镜就可以观赏。透过望远镜看猎户座星云，它就像一头展翅飞翔的火鸟，因此也有了"火鸟星云"的称号。

图 3-6　哈勃空间望远镜拍摄的猎户座星云

注：猎户座星云是由来自炽热恒星的紫外线光子激发的电离星云。

---

① 猎户座主体像一个大四边形，在四边形中央有 3 颗排成一条直线的亮星。人们将其设想为系在猎人腰上的腰带，另外在这 3 颗星下面，又有 3 颗小星，似挂在腰带上的剑。——译者注

## 旋臂

进一步观察银河系，我们可以看到它的旋臂中充满了新形成的恒星，因为旋臂具有恒星形成的所有特征。它们既是分子云的家园，也是无数被电离星云包围的年轻而明亮的蓝色星团的家园。从其他旋涡星系的照片中可以清晰地看到这些特征（见图 3-7）。炽热的蓝色恒星和电离星云勾勒出旋臂的轮廓，而旋臂之间的恒星通常颜色更红、年龄更大。我们还在旋臂中看到了大量的分子和原子气体，这表明旋臂中含有形成新恒星所需的物质。

图 3-7　M51 星系的两个壮观的旋臂，以及一个正与其中一个旋臂相互作用的较小的星系

注：旋臂比中央核球的颜色要更蓝一些。因为大质量蓝色恒星的寿命只有几百万年，蓝色的旋臂告诉我们，恒星在其内部的形成过程一定比在星系的其他地方更为活跃（大图中所示区域的直径约为 9 万光年）。

资料来源：这张照片由哈勃空间望远镜拍摄。

乍一看，旋臂似乎应该随着恒星一起移动，就像太空中巨大风车的旋翼一样。然而，观测表明，银河系圆盘中的大部分恒星以大致相同的轨道速度运行，这意味着靠近中心的恒星（以较小半径做圆周运动）完成每次轨道运行所需的时间比远离中心的恒星要短。因此，如果旋臂随着恒星一起移动，旋臂的中心部分绕银河系旋转的次数会比外围部分更多。经过几次银河系旋转后，旋臂就会缠绕成一个紧密的线圈。但我们在银河系中没有看到如此紧密缠绕的旋臂，所以我们得出结论，旋臂更像是旋涡中旋转的涟漪，而不是巨大风车的旋翼。

事实上，旋臂似乎是巨大的恒星形成波，在银河系的圆盘中传播。理论模型表明，称为螺旋密度波的扰动形成了旋臂。根据这些模型，旋臂是银河系圆盘中恒星和气体云更加密集的地方。恒星靠得更近对恒星本身几乎没有什么影响，因为它们仍然相距甚远，不会相互碰撞。然而，大型气体云确实会发生碰撞，而且气体云紧密地堆积在一起会增强其内部的引力，从而引发新的星团形成。这些星团中大质量恒星的超新星爆炸会进一步压缩周围的气体云，促使更多的恒星形成。

---

● 趣味问答 ●

**在太空中能听到声音吗？**

在许多科幻电影中，宇宙飞船爆炸时都会被配上雷鸣般的声音。如果电影制片人想要更逼真一些，那么他们应不给爆炸配音。在地球上，当声波（交替上升和下降的压力波）使数万亿个气体分子来回撞击我们的耳膜时，我们就能感知到声音。虽然声波确实可以在星际气体中传播，但星际气体的密度极低，这意味着每秒只有少数原子会与人类耳膜大小的东西碰撞。因此，人耳（或类似大小的麦克风）不可能捕捉到任何声音，这就是太空中无声的原因。

---

## 银河系中心

银河系的中心位于人马座方向，在我们的肉眼看来并不特别。然而，如果我们能移除遮挡我们视线的星际尘埃气体云，银河系的中央核球将成为夜空中最壮观的景象之一。在银河系中央核球的深处，有证据表明存在一个巨大的黑洞。

银河系中心的天体被称为人马座 A*（读作"人马座 A 星"），或简称 Sgr A*。对 Sgr A* 发出的射电波和 X 射线进行的观测表明，它的直径并不比太阳系大，但它的质量很大，足以使数百颗恒星在距它仅 1 光年的轨道上运行。天文学家运用开普勒第三定律计算出了距它最近的恒星轨道（见图 3-8）。由此他们确定，Sgr A* 的质量约为 400 万个太阳质量。如此大的质量聚集在如此小的空间中，这意味着我们从 Sgr A* 上看到的光几乎可以肯定是来自一个巨大的黑洞上的气体吸积。在本章中，我们将看到，许多其他星系也有质量巨大的中央黑洞，其中有些黑洞的质量远远超过 Sgr A* 的 400 万个太阳质量。

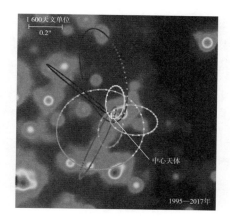

图 3-8　银河系中心存在黑洞的证据

注：每个彩色椭圆代表的是基于凯克望远镜每隔 1 年观测到的恒星位置（圆点所示）而计算出的特定恒星的轨道。根据开普勒第三定律，我们推断，中心天体的质量大约是太阳质量的 400 万倍，而且它们聚集在并不比太阳系大的空间里（比例尺上显示的 1 600 天文单位相当于约 9 个光日[①]）。

# Q2　银河系如何孕育恒星？

过去，人类对于银河系的认识仅限于遥远的星空，如今，随着银河系的主要特征，包括它的结构和恒星 - 气体 - 恒星循环的运行，都展露在人类眼前，这也为人类了解银河系的形成提供了线索。然而，有些最重要的线索来自于对盘族恒星与晕族恒星的详细比较。

我们已讨论过，银河系的主要特征，包括它的结构和恒星 - 气体 - 恒星循环的运行，都为银河系的形成提供了线索。然而，有些最重要的线索来自对盘族恒星与晕族恒星的详细比较。

## 盘族恒星和晕族恒星的线索

在前文中，我们已经看到了晕族恒星的无序轨道与盘族恒星轨道之间的差异。晕族恒星和盘族恒星之间另外两个差异也很明显。第一，所有的晕族恒星都非常古老，而盘族恒星可以是任何年龄。第二，光谱显示，晕族恒星所含重元素的比例比

---

①1 光日即光走 1 天的距离，约为 $2.592 \times 10^{10}$ 千米。——编者注

盘族恒星少。基于这些差异，天文学家将银河系的恒星分为两个截然不同的星族。

- 盘族（有时被称为第一星族）。盘族由遵循银河系圆盘有序轨道模式的恒星组成，这个星族中既有年轻的恒星，也有年老的恒星，所有恒星的重元素比例都在 2% 左右，就像太阳一样。
- 晕族（有时被称为第二星族）。晕族由轨道穿过银河系晕的恒星组成，这个星族中的恒星都很古老，因此它们的质量很低，重元素比例可能低至 0.02%，这意味着这些恒星中的重元素是太阳中重元素的 1/100。

我们可以通过观察银河系气体的分布，了解晕族恒星和盘族恒星之间的差异。晕中不包含恒星形成所需的温度较低、密度较大的气体云。因为形成恒星的气体云只存在于银河系圆盘内，所以新的恒星只能在圆盘内诞生，而不能在晕中诞生。

晕族恒星中重元素相对较少，这表明它们一定是在银河系历史的早期形成的，即在许多超新星爆炸将重元素增添到恒星形成的气体云之前。我们得出的结论是，晕在很长一段时间内都缺少恒星形成所需的气体。显然，银河系的所有冷气体在很久以前就已进入了圆盘。在银河系晕中唯一幸存下来的恒星是古老的小质量恒星。

## 银河系形成的模型

为了从总体上研究银河系的物理性质、力学结构和演化，科学家们至今提出了多种银河系模型，希望能研究出银河系在时间长河中的变化过程。而关于银河系形成的任何模型都必须考虑到盘族恒星和晕族恒星之间的差异。如图 3-9 所示，最简单的模型，是从一个由氢和氦组成的巨大的原星系云开始的。

在早期，这种原星系云的引力会从各个方向把物质吸引过来，形成一种团状的云，这种云的旋转幅度很小或根本测量不到。在这样的云团中形成的恒星的轨道可以是任意方向，这就解释了为什么晕族恒星的轨道方向是随机的。这个简单的模型也解释了为什么晕族恒星很古老，因为晕族恒星是在银河系刚开始形成时诞生的。

随着时间的推移，由于角动量守恒，剩余的气体在引力的作用下收缩，形成一个扁平的旋转圆盘。这个过程与太阳星云形成的过程类似，但规模要大得多。气体粒子之间的碰撞往往会平衡它们的随机运动，使它们在同一方向和同一平面上运行。因此，在旋转盘形成后诞生的恒星也会像圆盘一样进行有序运动。它们的年龄之所以各不相同，是因为自圆盘形成以来，恒星形成的过程就一直在持续，这要归功于持续不断的恒星－气体－恒星循环。

原星系云只含氢气和氦气

随着原星系云坍缩，晕族恒星开始形成

角动量守恒确保剩余的气体变成扁平的旋转圆盘

数十亿年后，恒星-气体-恒星循环支撑着圆盘内持续形成恒星。晕中缺少气体，因此恒星不可能在圆盘外形成

图 3-9　银河系形成的简单示意图模型

注：模型展现了旋涡星系如何从由氢和氦组成的原星系云发展而来。

　　虽然图 3-9 中的模型成功地解释了晕族恒星和盘族恒星之间的基本差异，但对恒星含有的重元素比例进行的详细研究表明，这个模型有点过于简单了。

　　如果银河系是由单一的原星系云形成的，那么当恒星在其内部形成和爆炸时，它们会在向内坍缩的过程中不断积累重元素。在这种情况下，晕中最外层的恒星会是最古老的，含有的重元素比例也是最小的，随着恒星轨道靠近圆盘和中央核球，含有的重元素比例会稳步上升。但我们观察到的并不是这种模式。

　　相反，我们发现重元素的比例发生了变化，这表明银河系最古老的恒星是在相对较小的原星系云中形成的，每个原星系云中都有几个球状星团。这些原星系云后来碰撞并结合在一起，形成了一个单一的星系，即银河系（见图 3-10）。类似的过程可能仍在进行中。目前，两个小星系（人马座矮星系和大犬矮星系）在穿过银河系圆盘时要被拆散了。10 亿年后，它们的恒星与晕族恒星将难以区分，因为它们都会在环绕银河系的轨道上，在圆盘上方的高处运行。有证据表明，这一过程在过去也曾发生过：有些晕族恒星在井然有序的恒星流中运动，这些恒星流可能是很久以前被银河系引力拆散的小星系的残余。

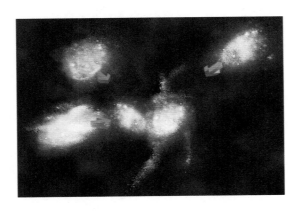

图 3-10　银河系晕形成过程的模型

注：银河系晕中恒星的特征表明，几个较小的气体云（已包含了一些恒星和球状星团）可能已经合并形成了银河系的原星系云。这些恒星和球状星团留在了银河系晕中，而气体却进入了银河系圆盘中。

元素的分布还表明，当圆盘最终形成时，它的重元素含量只有如今的 10% 左右，中央核球处的重元素含量更高一些。随着时间的推移，恒星 – 气体 – 恒星循环使圆盘的重元素含量有序地增长，这就是年轻的恒星往往比年老的恒星含有的重元素比例高的原因。

# Q3 我们能观测到银河系以外的星系吗？

再看看本书第 1 页的照片。这张哈勃空间望远镜拍摄的照片展示的是宇宙中一个典型的区域，其中包括许多大小不一、颜色和形状各异的星系。有些星系看起来很大，有些则很小；有些是红色的，有些是白色的；有些是圆形的，有些是扁平状的。我们想了解这些星系为什么会不同，但这并非易事。就像对恒星的观测一样，我们的观测只能捕捉到星系生命最简短的瞬间，我们还需从众多不同星系的照片中寻找线索，拼凑出典型星系的生命故事。接下来我们更仔细地观察不同类型的星系，看看从它们的差异中能发现怎样的生命历程。

天文学家将星系分为 3 大类：

· 旋涡星系。例如银河系。旋涡星系看起来像扁平的白色圆盘，中心有淡黄色的核球，这些圆盘充满了冷气体和尘埃，中间还夹杂着温度较高的电离气体，它们通常会显现出美丽的旋臂。

· 椭圆星系。椭圆星系颜色更红、形状更圆，通常像橄榄球一样呈椭圆形。与旋涡星系相比，椭圆星系含有极少的冷气体和尘埃，但它们经常含有高温的电离气体。

· 不规则星系。不规则星系既不是圆盘状，也不是圆形的。

星系包含的恒星种类不同，它们的颜色就不同。旋涡星系和不规则星系包含了各种不同颜色、不同年龄的恒星，所以看起来是白色的，而椭圆星系看起来更红，是因为它们的大部分光线是由古老的红色恒星产生的。星系的大小也有很大差异。从包含不到 10 亿（$10^9$）颗恒星的矮星系到包含超过 1 万亿（$10^{12}$）颗恒星的巨星系，星系的大小不等。

## 旋涡星系

像银河系一样，其他旋涡星系也有一个薄圆盘和一个中央核球（见图 3-11）。这个核球平滑地融合成一个几乎看不见的晕，晕的半径可达 10 万光年以上。旋涡星系的晕比其核球和圆盘更难看到，因为晕族恒星一般都很暗，并且分布在很大的空间中。

图 3-11　巨大的旋涡星系 M101（直径约 17 万光年）

有些旋涡星系被称为棒旋星系，这些星系看起来好像有一根笔直的由恒星组成的棒穿过中心，其旋臂从棒的两端向外弯曲（见图 3-12）。天文学家怀疑银河系是一个棒旋星系，因为对银河系核球的观测表明，它是雪茄形的，而非球形的。其他星系像旋涡星系一样有圆盘和晕族恒星，但似乎没有旋臂。这些透镜状星系有时被认为是介于旋涡星系和椭圆星系之间的一个中间类别，因为它们含有的冷气体比普通旋涡星系少，但比椭圆星系多。

图 3-12　棒旋星系 NGC 1300（直径约 11 万光年）

在宇宙的大型星系中，大多数（75% ～ 85%）是旋涡星系或透镜状星系，这些类型的星系在小星系中非常罕见。旋涡星系和透镜状星系往往出现在由多达几十个星系组成的松散集合中，这些星系的集合被称为星系群。本星系群就是其中的一个例子。

## 椭圆星系

椭圆星系与旋涡星系的主要区别在于，它们缺少重要的盘族恒星。因此，它们看起来很像没有圆盘的旋涡星系的核球和晕。

大型椭圆星系可以包含超过 1 万亿颗恒星（见图 3-13）。椭圆星系在星系团中最为常见，星系团可能包含数百个甚至数千个直径超过 1 000 万光年的星系。椭圆星系约占星系团中心区域大型星系的一半，但只占星系团外大型星系的一小部分（约 15%）。在空间尺度的另一端，非常小的椭圆星系（包括被称为矮椭圆星系和矮椭球星系的类别）似乎是宇宙中最常见的星系类型。

图 3-13　室女座星系团中的巨型椭圆星系 M87

注：M87 是宇宙中质量最大的星系之一。图中所示的区域的直径为 30 万光年以上。

椭圆星系通常含有少量尘埃或冷气体，但是有些星系的中心有相对较小和温度较低的气体盘在旋转。然而，有些大型椭圆星系含有大量可以发射 X 射线的高温气体。椭圆星系中缺少冷气体意味着，就像银河系的晕一样，它们一般很少或根本没有正在形成的恒星。因此，椭圆星系看起来往往是红色或黄色的，因为它们没有旋涡星系盘中含有的炽热、年轻、蓝色的恒星。

## 不规则星系

有些星系不属于这两大类别中的任何一类。不规则星系是一个杂类，包括小星系（如大麦哲伦星系，见图 3-14）和看起来杂乱无章的较大星系。这种星系通常是白色的、尘埃状的，就像旋涡星系的圆盘一样，它们包含许多年轻的大质量恒星。

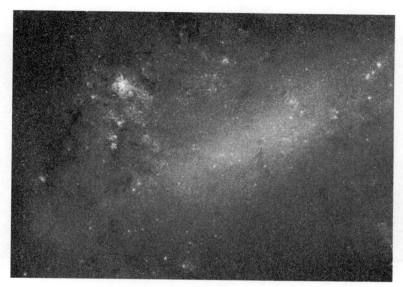

图 3-14　大麦哲伦星系（直径约 3 万光年）

注：大麦哲伦星系是银河系的一个小伴星系。

不规则星系只占银河系附近大型星系的一小部分，但在遥远的星系中很常见。因为遥远的星系发出的光需要更长的时间才能到达地球，所以观测结果说明，不规则星系在宇宙年轻时更为常见。

## 哈勃的星系分类

哈勃发明了一种星系分类体系，他将星系类型排列成一个音叉形状的图（见图 3-15）。椭圆星系位于左边的叉柄上，用字母 E 和一个数字表示，数字越大，椭圆星系越扁平：E0 星系是圆形的，数字一直增加到高度扁平的E7。音叉的两个叉臂表示旋涡星系，用字母 S 表示普通旋涡星系，SB 表示棒状星系，后面是小写字母 a、b 或 c：从 a 到 c，核球的大小依次减小，而尘埃气体的含量依次增加。透镜状星系用 S0 表示，不规则星系用 Irr 表示。遗憾的是，对天文学家来说，哈勃的分类方案并没有对星系为什么会不同做出简单的回答。

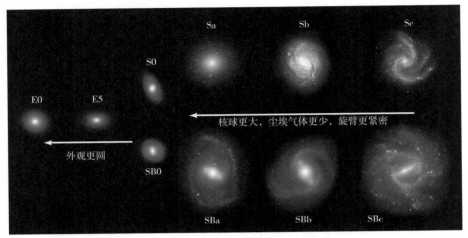

图 3-15　这张"音叉"图展示了哈勃的星系分类

# Q4　为什么星系也会有"高矮胖瘦"？

旋涡星系、椭圆星系和不规则星系之间存在明显差异，这说明它们的生命历程一定是截然不同的。对于星系的生命历程，我们还不像对恒星的生命历程那样了解，但我们正在努力了解得更多。正因为如此，天文学中最活跃的研究领域之一就是星系的形成和发展，或者说星系演化。

所有星系形成的早期阶段都被认为与我们所讨论的银河系的早期阶段相似。在早期阶段，引力将物质拉入原星系云，原星系云收缩并开始形成恒星。在这种情况下，我们可能会认为所有的星系都与银河系相似，是带有富含气体圆盘的旋涡星系。然而，我们知道，许多星系是椭圆星系，没有这样的圆盘。因此，研究星系演化的一个关键问题是了解为什么有些星系最终变成椭圆星系，而有些变成旋涡星系。详细的模型提出了两种普遍的可能性：（1）星系最终看起来不同，是因为它们在原星系云中的诞生条件略有不同；（2）星系可能在诞生时是相似的，但后来由于与其他星系相互作用而发生了变化。

## 诞生条件

第一种解释将星系的类型追溯到形成星系的原星系云。例如，如果最初的原星系云的角动量很大，那么它在坍缩时就会快速旋转，从而形成一个圆盘，由此产生的星系就是旋涡星系。相反，如果原星系云的角动量很小或没有，那么其气体可能根本就不会形成圆盘，由此产生的星系就是椭圆星系。

第二种解释是，形成星系的原星系云的密度影响星系的类型。原星系云的气体密度相对较高，就会更有效地辐射能量，而且更快地冷却，从而可以更快地形成恒星。如果恒星形成的速度足够快，所有的气体都可能在进入圆盘之前变成恒星。因此，所产生的星系就没有圆盘，就成为椭圆星系。相比之下，原星系云的气体密度较低，形成恒星的速度就会更慢，这样就会留下大量的气体，从而形成旋涡星系的圆盘。

## 后期的相互作用

为什么有些星系有富含气体的圆盘，而有些没有，星系诞生条件的差异可能在星系的生命历程中起着重要的作用。然而，诞生条件的差异可能并不是导致星系间差异的全部因素，因为一个关键的事实是：星系很少在完全孤立的情况下演化。

回想一下太阳系比例模型。在太阳只有葡萄柚大小的比例下，最近的恒星就像几千千米外的另一个葡萄柚。因为与恒星的大小相比，恒星之间的平均距离是如此巨大，所以恒星之间发生碰撞是极其罕见的。然而，如果我们重新调整宇宙的比例，使银河系相当于葡萄柚大小，那么仙女星系就像大约 3 米外的另一个葡萄柚，而且有些小星系也离我们很近。星系之间的平均距离并不比星系的大小大很多，因此星系之间发生碰撞是不可避免的。

星系碰撞这一壮观事件持续了数亿年（见图 3-16）。在我们短暂的一生中，我们只能看到其中的短暂瞬间。碰撞使相互碰撞的星系形状扭曲。在计算机模拟的帮助下，我们可以"观看"碰撞的发展过程，从而了解更多关于星系碰撞的信息。

两个旋涡星系发生碰撞，将恒星剥离，形成两条长长的潮汐尾

这引发了恒星形成活动的爆发，产生了许多年轻的蓝色星团

图 3-16　被称为触须星系（NGC 4038/4039）的
一对旋涡星系的相互碰撞

注：地面拍摄的照片（左图）显示的是它们巨大的潮汐尾，而哈勃空
间望远镜放大图（右图）显示的是碰撞中心恒星形成活动的爆发。

计算机模型显示，两个旋涡星系之间发生碰撞可以产生一个椭圆星系（见图 3-17）。相互碰撞的星系之间巨大的潮汐力将两个星系的圆盘撕裂，并随机改变其恒星的轨道。与此同时，它们的大部分气体下沉到碰撞中心，并迅速形成新的恒星。超新星和星风最终会把剩余的气体吹走。当这场灾变最终平息下来时，两个旋涡星系合并产生了一个椭圆星系。留存的气体很少，无法形成圆盘，而且恒星的轨道方向也是随机的。

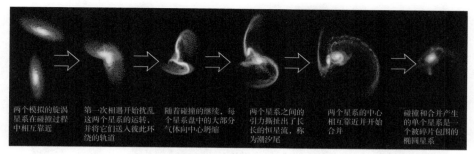

图 3-17　超级计算机模拟两个旋涡星系碰撞产生椭圆星系的几个阶段

注：在现今的宇宙中，至少有一些椭圆星系是这样形成的。整个阶段持续约 15 亿年。

　　观测结果支持这样一种观点，即至少有一些椭圆星系是由碰撞导致的合并产生的。椭圆星系在密集星系团核心的星系群中占主导地位，那里的碰撞应该是最频繁的。这一事实可能表明，任何曾经的旋涡星系都会通过碰撞变成椭圆星系。

## 不完善的答案

　　诞生条件和后期的相互作用可能在星系演化中都起着重要作用。诞生条件可以解释为什么绝大多数星系的形状不是旋涡形的就是椭圆形的。后期的相互作用可以解释为什么椭圆星系在星系团中更常见，而旋涡星系在星系团之外更常见。这些观点也可以解释为什么不规则星系相对较少：至少有些不规则星系可能是正在经历破坏性相互作用的星系。

　　这些观点似乎可以解释我们观测到的图 3-18 所示的星系颜色和星系光度的模式。所有星系都被认为是从蓝白色的恒星形成系统开始的，因此它们是图中蓝云区的成员。然而，有些星系后来转成红序列。红序列的上半部是通过合并形成的，产生了巨大的红色椭圆星系。红序列的下半部由较小的星系组成，这些星系已经耗尽了冷气体，因此恒星形成已经停止，只剩下冷却的红色恒星。天文学家正在计划做进一步的观测来验证这些观点，并完善我们对星系演化的理解。

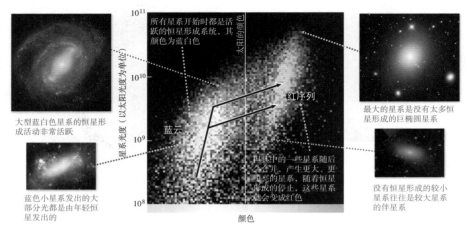

图 3-18 星系的颜色和光度

注：这张图描述的是星系，图中纵轴表示光度，横轴表示颜色。所有星系都是从恒星形成系统开始的，因而把它们置于左边的蓝云区。黑色箭头显示后期的合并是如何产生更大的星系的。其中有些星系不再形成新的恒星，因此它们成为右边红序列的一部分。图中每个方块的亮度反映的是具有相应颜色和光度的星系的数量。

资料来源：数据来自斯隆数字巡天项目。

# Q5 星系中心是否存在超大质量黑洞？

  星系碰撞是壮观的，但更令人敬畏的事件发生在星系中心的深处。在一小部分星系中，我们观察到极大量的辐射从一个微小的中心区域发出，偶尔伴随着以接近光速向外射出的强力物质喷流（见图 3-19）。是什么东西能在这么小的空间范围内释放出如此多的能量？接下来，我们将分析科学家得出的该问题的答案——超大质量黑洞。超大质量黑洞很像银河系中心的黑洞，但在许多情况下它们的质量要大得多。

  中心异常明亮的星系被称为活动星系，其中心区域称为活动星系核。类星体是最明亮的活动星系核，其输出光的光度可达银河系光度的 1 000 倍（见图 3-20）。星系中心的活动似乎与星系演化有关，因为类星体在早期比现在普遍得多。出于某种原因，负责提供类星体惊人光度的光源，随着星系年龄变大已经处于休眠状态。

图 3-19　椭圆星系 M87 中的活动星系核

注：明亮的黄色斑点是活动星系核，蓝色条纹显示的是粒子喷流以接近光的速度从活动星系核向外射出。

图 3-20　第一个被发现的类星体——3C 273

注：它的光度是太阳的 1 万亿倍。这张照片显示了距离这个类星体 275 000 光年的区域。

资料来源：该照片由哈勃空间望远镜拍摄。

## 活动星系核的大小

早在天文学家怀疑存在超大质量黑洞之前，他们就注意到大约 1% 的星系（有时称为赛弗特星系）具有极其明亮的中心。最好的可见光图像显示这些活动星系核小于 100 光年，而更高分辨率的射电观测显示，它们的大小不超过 3 光年。光度的快速变化表明它们实际应该更小。

要了解光度的变化如何为我们提供活动星系核大小的线索，请想象自己是宇宙的一位主人，正在向 10 亿光年外的另一位主人发出信号。一个活动星系核会成为一个极好的信号塔，因为它非常明亮。然而，假设你能找到的最小的活动星系核是 1 光年大小。每次你点亮它，来自前端的光子都会比来自后端的光子早一年到达另一位主人那里。如果你在一年内多次点亮和关闭它，你的信号就会因相互重叠而失效。类似地，如果你使用一个跨越 1 光日的光源，那你每天最多可以传输一次点亮和熄灭的信号。以这种逻辑分析，并根据实际活动星系核的光度有时会在几小时内翻倍的事实，我们得出结论，活动星系核光源的大小必须小于几个光时，这不比我们的太阳系大多少。

在 20 世纪 60 年代初首次发现活动星系核中最亮的类星体之后，解释如此小的物体能产生如此亮的光变得更加困难。通过距离测量的标准技术，可知类星体通常距地球数十亿光年。再根据光的平方反比定律，可知许多类星体的光度是太阳光度的数万亿倍。

这个结果是如此惊人，以至于一些科学家担心类星体的距离是否因一些原因被严重高估了。有一段时间，人们对类星体的基本性质进行了激烈的争论，但用更强大的望远镜进行的观测最终确认了它们的距离，并证明类星体是非常遥远的星系最明亮的中心。

## 黑洞模型

目前解释活动星系核有如此极端光度的唯一方法是使用一个模型，在该模型中，活动星系核的中心是一个超大质量黑洞，周围是环绕着极热气体的吸积盘。这个模型的原理很像我们之前用来解释 X 射线双星辐射的原理。被吸引进黑洞的物质的引力势能转化为动能，而落入的粒子之间的碰撞将动能转化为热能。由此产生的热量使这些物质发出我们观察到的强烈辐射。就像在 X 射线双星中一样，我们预计被吸引的物质在消失于黑洞的事件视界之前会在吸积盘中旋转。

落入黑洞的物质可以产生惊人的能量。当一大块物质落入黑洞的事件视界时，其质量（$E=mc^2$）的 10% ～ 40% 可以转化为热能，并最终转化为辐射。因此，黑洞的吸积可以比核聚变更有效地产生光（核聚变将不到 1% 的质量转

化为光子）。这种能量生成机制非常有效率。如果我们假设黑洞每年吞噬大约
一颗恒星的质量，就可以解释类星体为什么能有巨大的光度了。

超大质量黑洞模型还解释了活动星系核光度变化所体现的活动星系核较小
的尺寸。一个每年吸积约为一个太阳质量物质的黑洞，如果以这种速度持续吸
积 10 亿年，最终可能会达到 10 亿个太阳质量。但事实是，一个半径约为 3 光
时的巨大黑洞的事件视界仍比海王星的轨道小。

## 越来越多的证据

证明超大质量黑洞确实是活动星系核的能量来源一直很困难，这主要是
因为黑洞本身不发光。因此，我们需要从黑洞改变周围环境的方式推断它的
存在。在黑洞附近，物质应该围绕着看不见的东西高速旋转。我们已经得到
了银河系中心存在超大质量黑洞的证据，但是其他星系的中心是否也是如
此呢？

在过去 20 年中对附近星系中心的物质进行的详细观察表明，超大质量黑
洞实际上非常普遍。事实上，所有星系的中心都可能存在超大质量黑洞。一个
明显的例子是巨大的椭圆星系 M87（见图 3-19）。

M87 中心区域的图像和光谱显示，距离中心约 60 光年的气体正以数百千
米 / 秒的速度围绕一个看不见的物体运行（见图 3-21）。这种高速轨道运动表
明中心物体的质量至少是太阳质量的 30 亿倍。超大质量黑洞是我们所知的唯
一可能质量如此大但体积又如此小的物体。

即使是目前核活动不活跃的星系也显示出超大质量黑洞的存在证据，它们
的质量遵循一个非常有趣的规律：星系中心超大质量黑洞的质量似乎与周围星
系的性质密切相关。更具体地说，星系中心超大质量黑洞的质量通常约为星系
核球质量的 1/500（见图 3-22）。这种关系似乎适用于各种大小的星系，从小

型旋涡星系到巨大的椭圆星系。我们因此得出结论，中心超大质量黑洞的成长必定与星系的形成过程密切相关。

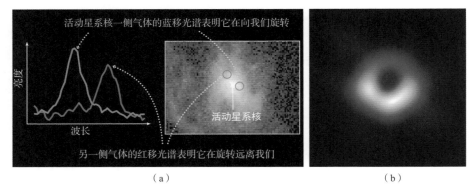

（a）　　　　　　　　　　　　　　　　　　（b）

图 3-21　椭圆星系 M87 中心的超大质量黑洞

注：图（a），这张哈勃空间望远镜照片显示了椭圆星系 M87 中心附近的气体，该图显示了距离中心 60 光年的气体在相对两侧（照片中的圆圈区域）光谱的多普勒频移。这些气体光谱的多普勒频移告诉我们，气体以大约 800 千米 / 秒的轨道速度绕着星系中心运行。通过牛顿定律可知，星系中心物体的质量至少是太阳的 30 亿倍。通过更精确的测量得知其质量大约为 60 亿倍太阳质量。图（b），这张由事件视界望远镜项目用干涉测量法制作的无线电图像代表了有史以来获得的第一张黑洞图像。从更专业的方式来说，它显示了椭圆星系 M87 中心周围气体辐射圈内的黑洞阴影。

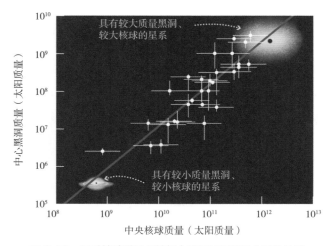

图 3-22　星系核球质量与其超大质量黑洞质量之间的关系

我们部分弄清楚了超大质量黑洞与星系形成之间的联系。一些科学家认为，黑洞在星系历史的早期形成，然后它们输出能量时通过零星的能量爆发扰乱恒星形成气体的供应，以此调节周围星系的成长。最近的观察表明，这种反馈过程可能是必要的，防止了最大的星系形成比目前更多的恒星。如果对观测的这种解释是正确的，那么大型星系就需要大型的中央黑洞。这解释了为什么星系内部的恒星形成率相对较低。

## 总结

总的来说，迄今为止的证据强烈支持了为活动星系核（类星体）提供能量的超大质量黑洞假说。此外，我们现在怀疑所有大型星系的中心都可能存在超大质量黑洞，而这些黑洞可能在星系演化中起着重要作用。科学家期待获得更多的观测结果，这些观测结果将帮助我们了解超大质量黑洞导致活动星系核（类星体）有巨大能量输出的机制，以及超大质量黑洞与星系演化之间的联系。

## 要点回顾
The Cosmic Perspective Fundamentals >>>

- 银河系是我们唯一能观察到详尽细节的星系。银河系的圆盘中, 恒星在不断地形成和消亡。

- 银河系最古老的恒星是在相对较小的原星系云中形成的, 每个原星系云中都有几个球状星团。这些原星系云后来碰撞并结合在一起, 形成了一个单一的星系, 即银河系。

- 人类目前的观测只能捕捉到星系生命最简短的瞬间。天文学家将星系分为 3 大类: 旋涡星系, 椭圆星系, 不规则星系。

- 星系之间发生碰撞是不可避免的, 这一事件则已持续了数亿年, 人类只能看到其中的短暂瞬间, 并在计算机模拟的帮助下"观看"碰撞的发展过程。

- 对星系中心附近环绕的气体和恒星的观测表明, 每个大型星系都包含一个超大质量黑洞, 黑洞的质量与星系核球中恒星的总质量密切相关。

04

宇宙的未来什么样

# 妙趣横生的宇宙学课堂

- 星际旅行到底有多远?
- 哈勃是如何发现仙女星系的?
- 宇宙还在膨胀吗?
- 宇宙有年龄吗?
- 当我们回溯时间时,会看到什么?

　　章首页背景图显示的是一个包含白矮星超新星（箭头所示）的星系，该星系于 2011 年被观测到。测量结果显示，该星系距离我们 2 100 万光年，这意味着这颗白矮星超新星是在 2 100 万年前爆炸的。正如我们将在本章讨论的，天文学家在确定整个可观测宇宙中星系距离时，这种类型的超新星是测量环节中一个重要的环节。

　　本章内容，你还将学习到这些测量是如何使我们认识到我们生活在一个不断膨胀的宇宙中的，这反过来又有助于我们回答一些最基本的问题：宇宙的年龄是多少？宇宙有多大？宇宙是如何随时间而变化的？

## Q1 星际旅行到底有多远？

　　人类自诞生以来，从未停止过对世界的探索。无论是古人类从非洲向世界迁徙，还是哥伦布带领船队发现新大陆，抑或是麦哲伦完成人类首次环球航行，人类用"脚"丈量出地球的距离，打开探索世界的新篇章。然而在茫茫宇宙中，虽然我们对整个宇宙的了解很大程度上取决于我们测量星系距离的能力，但人类难以再用以往的"脚步"得出答案，我们又该如何得知从一个星系到另一个星系究竟有多远？

不可否认，进行天文距离这样的测量极具挑战性，天文学家在不断努力完善和改进测距技术。我们运用一系列的方法来测量天文距离，其中的每一步都使我们能够测量出宇宙中更大的距离。从测量太阳系到测量可观测宇宙的最外层，这些方法环环相扣。我们来逐步探讨这些方法。

## 雷达测距

测量天文距离的第一个环节是测量日地距离或天文单位（AU）。天文单位的精确值是通过雷达测距测定的，在雷达测距中，从地球上发射射电波，射电波从金星反射回来。因为射电波以光速传播，所以通过雷达信号往返传播的时间，我们可以计算出金星与地球的距离，然后我们运用开普勒定律和一些几何学原理来计算天文单位的长度。

## 视差

测量天文距离的下一个环节取决于恒星视差。回想一下，当我们从地球轨道上的不同点观察近距恒星相对于遥远背景的位置时，我们会观察到恒星视差（见图 4-1）。当你把手指伸到一臂的距离，然后交替闭上双眼，你会感觉手指似乎在来回移动，恒星视差发生的原因与此相同。当我们从地球轨道相对的两端以半年的间隔观测恒星时，可观测到恒星的最大位移。

如果我们知道恒星因视差而产生的年位移的精确值，就可以计算出到恒星的距离，这意味着要测量图 4-1 中的角 $p$，即恒星视差角。注意，恒星离我们越远，这个角度就越小。真正的恒星视差角非常小，即使是最近的恒星，其视差角也小于 1 角秒，远低于肉眼大约 1 角分的角分辨率。根据定义，与视差角为 1 角秒的天体的距离为 1 秒差距（pc），相当于 3.26 光年。天文学家经常用秒差距、千秒差距或百万秒差距来表示距离，[1] 但本书用光年来表示距离。

---

① 秒差距约为 3.26 光年，千秒差距约为 $3.26 \times 10^3$ 光年，百万秒差距约为 $3.26 \times 10^6$ 光年。——编者注

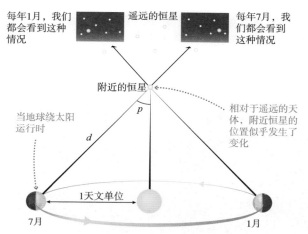

每年1月，我们都会看到这种情况

遥远的恒星

每年7月，我们都会看到这种情况

附近的恒星

$p$

$d$

当地球绕太阳运行时

相对于遥远的天体，附近恒星的位置似乎发生了变化

1天文单位

7月

1月

图 4-1　在地球上观测远距离恒星产生视差的示意图

注：视差使附近恒星的视位置在一年中相对于遥远的恒星来回移动。角 $p$ 称为恒星视差角，表示一年内总视差位移的一半。如果我们用角秒为单位来计量 $p$，那么到恒星的距离 $d$ 是 $1/p$（以秒差距为单位）和 $3.26/p$（以光年为单位）。图中的角度被极度夸大了，所有恒星的视差角都小于 1 角秒。此图并未按实际比例绘制。

视差是测量恒星距离最精确的技术，但视差角只能在银河系内测量。截至 2018 年，天文学家使用欧洲"盖亚"探测器对 10 多亿颗恒星进行了视差测量，测量距离达数万光年。

## 标准烛光法

距离测量环节中的下一个环节依赖于可以作为标准烛光的光源，即光度已知的天体。这些天体很有用，因为我们可以利用它们已知的光度和视亮度，用光的平方反比定律来计算它们的距离。

图 4-2 展示了标准烛光法的工作原理。图中所有的灯都是亮度相同的路灯，但距离越远的灯看起来越暗（由其距离的平方决定）。因此，我们可以根据已知光度确定每盏灯的距离。假设这些灯的光度都是 1 000 瓦，如果一盏灯的亮度看起来只有另一盏灯的 1/4，那么它的距离一定是另一盏灯的 2 倍。

与灯泡不同，天体没有标明功率。然而，如果我们可以通过其他方法了解天体的真实光度，那么天体仍可以作为标准烛光。许多天体都能满足这一要求。例如，太阳的孪生恒星，即光谱类型为 G2 的主序星，应该具有与太阳大致相同的光度。因此，如果我们测量出类太阳恒星的视亮度，就可以假定它的光度与太阳大致相同，并应用光的平方反比定律来估计它的距离。

图 4-2　标准烛光法原理

注：这些路灯可以作为标准烛光，因为它们发出的光量相同，这样我们就可以根据它们的相对亮度确定它们的相对距离。

除用视差测量距离之外，我们使用标准烛光来测量大多数宇宙距离，但这些测量总有些不确定性，因为没有一个天体是完美的标准烛光。测量天文距离的挑战归根结底是寻找可作为最佳标准烛光的天体的挑战。我们越能确信天体的真实光度，就越能确定它的距离。

## 造父变星

测量银河系以外距离的关键是确定可以作为标准烛光的天体，而且这些天体足够明亮，在很远的地方就可以探测到。对于相对较近的星系来说，最有用的天体是一类光度极强的特殊恒星，称为造父变星。这些恒星的光度不同（因此视亮度也不同），它们交替变暗变亮，变化周期从几天到几个月不等。图 4-3 展示了造父变星在大约 50 天的周期内视亮度的变化。

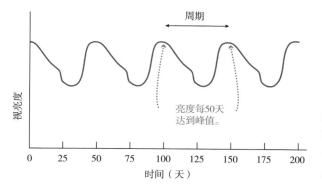

图 4-3　造父变星的视亮度随
时间变化的图像

注：周期是指从一个亮度峰值
到下一个亮度峰值的时间。

　　造父变星作为标准烛光很有价值，因为它们的周期与光度密切相关，周期越长，恒星的光度就越高（见图 4-4）。这种关系通常被称为造父变星周期 - 光度关系，但我们将其称为"莱维特定律①"，因为这是由亨丽塔·莱维特（Henrietta Leavitt）于 1912 年在仔细观察大麦哲伦星系中的造父变星时首次发现的。当时我们还不知道这个小星系的距离，所以莱维特无法确定造父变星的真实光度。然而，因为大麦哲伦星系中的所有恒星与我们的距离大致相同，所以她通过比较这些造父变星的视亮度发现了这一定律。如今，我们非常准确地知道莱维特定律所体现的造父变星周期与距离之间的关系，因为我们用视差测量了到附近的造父变星的距离，并利用这些距离和造父变星的视亮度来计算真实的光度。

　　关于如何使用造父变星测量距离，这里有个例子，请看图 4-4 中虚线标记的点。请注意，这颗造父变星的周期为 30 天，对应的光度大约为 1 万倍太阳的光度。换句话说，这颗造父变星的亮度每隔 30 天就会达到峰值，这意味着它实际上好像在喊："嘿，大家好，我的光度是太阳的 1 万倍！"更通俗地说，一旦测量出造父变星的周期，我们就可以利用莱维特定律来获知它的光度（误差范围大约在 10% 以内），然后利用光的平方反比定律来确定

──────────

① 美国天文学会建议改用这一术语，以纪念亨丽塔·莱维特的研究在哈勃后来的发现中发挥的关键作用。

它的距离。今天，对造父变星的观测可以用来测量到星系的距离，最远可达1亿光年。

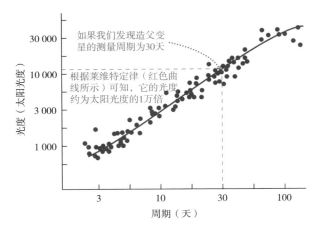

图中文字：

如果我们发现造父变星的测量周期为30天

根据莱维特定律（红色曲线所示）可知，它的光度约为太阳光度的1万倍

纵轴：光度（太阳光度）　30 000　10 000　3 000　1 000

横轴：周期（天）　3　10　30　100

图 4-4　莱维特定律

注：这张图上的数据（红点所示）显示，造父变星的周期与其光度密切相关，这就形成了被称为莱维特定律的关系（红色曲线所示）。因此，通过测量造父变星的周期就可以确定其光度，并计算出其距离（造父变星实际上有两种类型，这里所示的关系是重元素含量与太阳类似的造父变星，或称"I型造父变星"）。

## 远距离标准烛光

天文学家已经确定了几种类型的天体，它们可以作为标准烛光来测量我们可观测到的造父变星之外的距离，其中最有价值的是白矮星超新星。

回想一下，白矮星超新星被认为是在爆炸的白矮星，其质量已达到太阳质量1.4倍的极限。这些白矮星超新星的光度几乎相同，可能是因为它们都来自质量相似的恒星，爆炸方式也几乎相同。尽管白矮星超新星在任何单个星系中都很罕见，但在银河系约5 000万光年的范围内，我们已经观察到大量白矮星超新星的例子，其中包括本章开篇照片中的那一颗。我们可以通过造父变星，测量它们所在星系的距离，从而确定这些白矮星超新星的真实光度。从这些测量结果中，我们不仅确定了白矮星超新星的真实光度，还证实了它们的光度几乎是相同的，因此我们可以把它们用作标准烛光。

因为白矮星超新星非常明亮，其光度峰值约为太阳光度的100亿倍，所以即使它们出现在数十亿光年之外的星系中，我们也可以探测到（见图4-5）。尽管我们可以用这种技术测量距离的星系数量相对较少（因为在典型星系中，白矮星超新星每隔几百年才出现一次），但这些星系使我们能够校准另一种技术，即一种依赖宇宙膨胀的技术。

白矮星超新星爆炸前的遥远星系

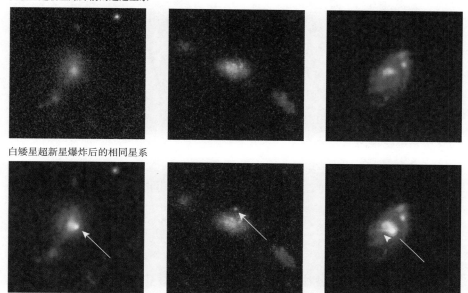

白矮星超新星爆炸后的相同星系

图 4-5　哈勃空间望远镜观测到的白矮星超新星

注：下方图像中的白色箭头指向白矮星超新星，上方图像显示的是没有白矮星超新星时这些星系的样子。左起前两个图像中的白矮星超新星是在宇宙大约是现在年龄的一半时爆炸的，最右边图像中的那颗大约是在 90 亿年前爆炸的。

## Q2　哈勃是如何发现仙女星系的？

在 20 世纪 20 年代之前，没有人确切知道他们在天空中看到的螺旋形天体只是银河系内的气体云，因此人们认为银河系代表了整个宇宙，或者代表了遥远而独特的星系。针对这个问题，天文学家意见不一，这也成为人们争论不休的话题。

1924 年，哈勃结束了这场争论。他使用当时世界上最大的望远镜，即位于加利福尼亚州威尔逊山上的100英寸[①]的新型望远镜（见图 4-6），通过对比不同夜晚拍摄的仙女星系的照片，确定了该星系中的造父变星。通过这些对比，他测量出了造父变星的周期，由此他运用莱维特定律估算出它们的光度，然后运用光的平方反比定律计算出仙女星系的距离。他由此证明，仙女星系远在银河系之外。

图 4-6　哈勃在威尔逊山天文台

这一科学发现极大地改变了人们的看法。人们不再争论银河系是否就是整个宇宙，而是突然意识到它只是浩瀚宇宙众多星系中的一个。这为哈勃做出更伟大的发现创造了条件。

人类至今已发展出各种理论体系来描述和解释宇宙的运行规律，如牛顿力学、相对论、量子力学等，同时也在不断地尝试通过哲学、宗教等不同的方式去理解宇宙的本质和意义。此后人们意识到，测量星系距离的能力是当代理解宇宙大小和年龄的关键，这种认识发端于哈勃的发现，包括以他的名字命名的定律，这为研究宇宙的演化提供了重要的线索。

## 距离与红移

天文学家已经意识到，大多数旋涡星系的光谱倾向于红移（见图 4-7），这表明它们正在远离我们。然而，没有人理解光谱红移的真正意义，因为哈勃

①1 英寸 ≈2.54 厘米。——编者注

还没有证明旋涡星系与银河系是分离的。

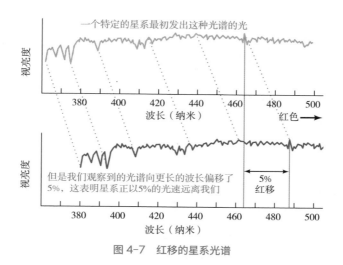

图 4-7　红移的星系光谱

在发现仙女星系造父变星之后的几年里，哈勃试图估算更多星系的距离，并测量这些星系的红移。因为在大多数星系中，即使是造父变星也太暗了，无法被观测到，哈勃需要更亮的标准烛光估算距离。他最喜欢的一种方法是用每个星系中他能看到的最亮的天体作为标准烛光，因为他假设这些天体都是非常明亮的恒星，它们的光度大致相同。事实上，我们后来了解到，哈勃看到的明亮的天体是星团，星团并不是很好的标准烛光，但它们足以使哈勃得到了总体正确的结论。

1929 年，哈勃宣布了自己的结论：星系越远，红移就越大，远离我们的速度也就越大。我们将在下一节中讨论，这种关系意味着宇宙中所有的星系都在相互远离。哈勃发现宇宙正在膨胀。

## 哈勃定律

星系越远，远离我们的速度就越大。我们用一个现在被称为哈勃定律的简单公式来表达哈勃的这一观点：

$$v = H_0 \cdot d$$

其中 $v$ 代表星系离开我们的速度（有时称为退行速度），$d$ 代表它的距离，$H_0$ 是一个称为哈勃常数的数字。我们通常用这个公式来表示哈勃定律，以表达星系的速度取决于它们的距离。然而，天文学家常常反向使用该定律，他们根据星系的红移测量星系的速度，然后运用哈勃定律来估算它的距离。

哈勃定律目前是我们确定遥远星系的距离最有用的方法。然而，重要的是要记住该定律的两个实际限制：

· 星系并不完全遵循哈勃定律。只有当星系的速度完全由宇宙膨胀决定时，哈勃定律才能得出星系的精确距离。事实上，几乎所有的星系都会受到其他星系的引力牵引，而这些牵引会改变星系的速度，使速度偏离哈勃定律所预测的值。

· 即使星系完全遵循哈勃定律，我们通过哈勃定律得出的星系距离也不够精确，精确程度取决于我们对哈勃常数的最佳测量结果。

第一个限制对于附近的星系来说最为严重。例如，在本星系群内，哈勃定律根本不起作用：本星系群中的星系在引力作用下与银河系结合在一起，因此不会按照哈勃定律远离我们。

然而，哈勃定律对遥远的星系却非常有效，这些星系的退行速度非常大，相比之下，由邻近星系的引力牵引引起的运动都很微小。

第二个限制意味着，即使对于遥远的星系，在确定 $H_0$ 的真正值之前，我们也只能得出相对距离。例如，由哈勃定律可知，以 2 万千米 / 秒的速度远离我们的星系，其距离是以 1 万千米 / 秒的速度远离我们的星系距离的 2 倍，但只有在 $H_0$ 的值已知的情况下，我们才能确定两个星系的实际距离。

哈勃空间望远镜的主要任务之一是测量 $H_0$ 的精确值。天文学家使用该望远镜测量了大约 1 亿光年的星系中造父变星的距离，这反过来又使他们能够确定遥远的标准烛光的光度，如白矮星超新星的光度。

将用遥远的标准烛光测量出的星系距离与它们的红移所表示的速度这两者之间的关系绘制成图后，就可以将 $H_0$ 的值确定在每百万光年 21 ～ 23 千米 / 秒（见图 4-8）。也就是说，星系与我们的距离为 100 万光年，它远离我们的速度就在 21 ～ 23 千米 / 秒。例如，根据哈勃常数的这个取值范围，哈勃定律预测，距离我们 1 亿光年的星系将以 2 100 ～ 2 300 千米 / 秒的速度远离我们。

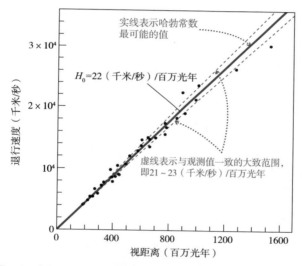

图 4-8　白矮星超新星的视距离与它们爆炸所在星系的退行速度

注：白矮星超新星可以作为标准烛光，在很远的距离上验证哈勃定律。这张图上的点都落在一条直线附近，这一事实表明，这些白矮星超新星都是很好的标准烛光。

图 4-9 总结了我们所讨论的测距方法。请注意，不确定性会随着距离测量环节中各个环节的推进增加。因此，尽管我们知道最初环节中精确的日地距离，但到可观测宇宙最远端的距离仍有 5% 左右的不确定性。

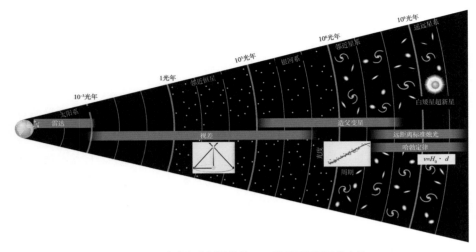

**图 4-9　宇宙距离测量依赖于一系列环环相扣的方法**

注：最初的环节是雷达测距，目的是确定太阳系内的距离，其后的环节是视差和标准烛光法。运用这些技术，我们就能够修正哈勃定律，然后运用哈勃定律来估算可观测宇宙中星系的距离。

# Q3　宇宙还在膨胀吗？

　　作为理解宇宙的有力工具，哈勃定律为我们提供了测量星系距离的方法，并告诉我们，宇宙正在膨胀。

　　这里有一个帮助我们理解宇宙膨胀的方法：想象制作一个葡萄干蛋糕，其中相邻葡萄干之间的距离为 1 厘米。你把蛋糕放在烤箱里，在烘烤的过程中它会膨胀。1 小时后你取出蛋糕，蛋糕已经膨胀到相邻葡萄干之间的距离增加到 3 厘米（见图 4-10）。蛋糕的膨胀似乎相当明显。但如果你生活在蛋糕里，就像我们生活在宇宙中一样，你会看到什么？

　　随便挑一颗葡萄干，称它为本地葡萄干，并分别在烘烤前和烘烤后的蛋糕图片上找到它。图 4-10 展示了本地葡萄干的一种可能的选择，并标记了附近的 3 颗葡萄干。随附的表格概述了居住在本地葡萄干里的人所看到的情况。请注意，1 号葡萄干在烘烤前距离本地葡萄干 1 厘米远，烘烤后距它 3 厘米远。这意味着在烘烤的 1 小时内，它向外移动了 2 厘米的距离。因此，从本地葡萄干看，它的速度是 2 厘米 / 时。2 号葡萄干烘烤前距离本地葡萄干 2 厘米远，烘烤后移动到距它 6 厘米远的地方，这意味着它在 1 小时内向外移动了 4 厘米的距离。因此，它的速度是 4 厘米 / 时，是 1 号葡萄干速度的 2 倍。蛋糕正在膨胀这一事实意味着，所有的葡萄干都在远离本地葡萄干，越远的葡萄干移动得越快。

哈勃发现，星系的运动方式与蛋糕中葡萄干的运动方式大致相同，大多数星系都在远离我们，而且越远的星系远离我们的速度越大，这意味着我们生活

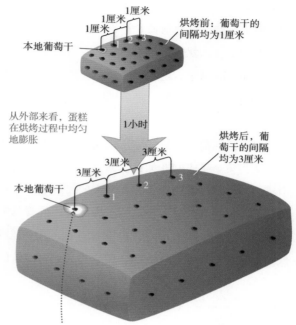

本地葡萄干看到的距离和速度

| 葡萄干编号 | 烘烤前距离 | 烘烤后距离 (1 小时后) | 速度 |
|---|---|---|---|
| 1 | 1 厘米 | 3 厘米 | 4 厘米 / 时 |
| 2 | 2 厘米 | 6 厘米 | 4 厘米 / 时 |
| 3 | 3 厘米 | 9 厘米 | 6 厘米 / 时 |

图 4-10 膨胀的葡萄干蛋糕就像膨胀的宇宙

注：有人居住在蛋糕上的葡萄干里，他注意到其他葡萄干都在向远处移动，而且距离越远的葡萄干移动得越快，由此他判断出蛋糕正在膨胀。同样，我们知道我们生活的宇宙在不断膨胀，因为我们的本星系群之外的所有星系都在远离我们，而且距离越远的星系移动得越快。

的宇宙就像葡萄干蛋糕一样在不断膨胀。如果你把本地葡萄干想象成代表我们的本地星系群，其他葡萄干想象成更遥远的星系或星系团，你就对宇宙膨胀有了基本的了解。就像蛋糕中葡萄干之间的面糊在不断膨胀一样，空间本身也在星系之间不断膨胀。越遥远的星系远离我们的速度越大，因为就像膨胀的蛋糕里的葡萄干一样，它们会随着膨胀而移动。

然而，葡萄干蛋糕和宇宙之间有一个重要的区别：蛋糕有中心和边界，但我们认为整个宇宙并非如此。据我们所知，宇宙并没有膨胀成任何东西，宇宙中星系的分布没有边界。在非常大的尺度上，星系的分布似乎相对平稳，这意味着无论你身处何处，你周围宇宙的整体外观基本都是一样的。宇宙中的物质是均匀分布的，没有中心，也没有边界，这一观点通常被称为宇宙学原理。虽然我们无法证明它是正确的，但它与我们对宇宙的所有观测是一致的。

---

● 趣味问答 ●

**宇宙将会膨胀成什么样？**

　　当你第一次了解宇宙的膨胀时，你会很自然地认为宇宙一定会膨胀成某种东西。此外，"大爆炸"这个名称让人联想到一场巨大的爆炸，爆炸将物质喷射到先前空无一物的广阔空间中。然而，关于大爆炸的科学观点却与此截然不同。根据现代科学理论，大爆炸使整个空间充满了物质和能量。

　　大爆炸如何使"整个空间"膨胀却没有膨胀成某种虚无缥缈的东西呢？这个问题需要运用爱因斯坦的广义相对论才能完整地解答。由广义相对论可知，空间可以弯曲，我们可以测量这种弯曲，却无法将其可视化。但你可以通过与气球的类比理解关键观点。请记住，气球的表面代表整个空间。就像气球表面没有中心没有边界一样，空间也没有中心没有边界。在这个类比中，膨胀的宇宙就像气球膨胀的表面，而大爆炸就是一个极其微小的气球首次变大的一瞬间。随着气球膨胀，气球表面上任何两点之间的距离会越来越远，这是因为表面本身在拉伸，而不是因为它们移动到表面上先前空旷的区域。同样，星系在膨胀的宇宙中分开，是因为它们之间的空间在拉伸，而不是因为它们移动到了先前空旷的空间。

---

如果宇宙没有膨胀成任何东西，它怎么会膨胀呢？比葡萄干蛋糕更好的类比是某个可以膨胀却没有中心和边界的东西。但我们不能使用三维物体描

述，因为这样的物体都有中心和边界。然而，气球的二维表面符合这一要求，就像无限大的表面符合这一要求一样，例如一块橡胶板可以向各个方向无限延伸。

因为我们很难想象无限大，所以我们用气球的表面来类比膨胀的宇宙（见图4-11）。请注意，这个类比运用气球的二维表面来表示空间的所有3个维度。因此，气球的表面代表整个宇宙，气球内外的空间在这个类比中没有任何意义。除了维度的数量减少，这个类比很有效，因为气球的球面没有中心也没有边界，就像没有一座城市是地球表面的中心一样，同样地球上也没有你可以走出或航行驶出的边界。现在，请记住，尽管宇宙作为一个整体在膨胀，但单个星系和星系团并不膨胀，因为引力将它们聚集在一起。因此，我们可以用粘在气球上的塑胶圆点来表示星系或星系团，并给气球充气来使这个宇宙模型膨胀。这些圆点会随着气球表面的膨胀而分开，但它们本身的尺寸并不会变大。

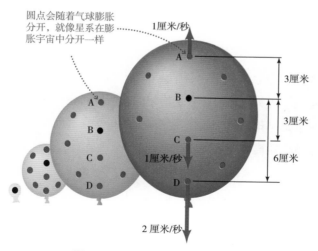

图 4-11　用气球来演示膨胀的宇宙

注：气球表面的膨胀说明了有限宇宙如何在没有中心或边界的情况下膨胀。随着气球膨胀，气球上的圆点就会分开，就像星系在膨胀的宇宙中分开一样。

# Q4　宇宙有年龄吗?

　　现在我们已经得知，所有的恒星都有自己从诞生到消亡的生命史，那么宇宙有年龄吗? 天文学家对此曾开展过长期激烈的争论。有观点认为，宇宙没有开始，也没有结束，这也代表着宇宙没有年龄。但哈勃定律告诉我们，回溯星系的运动表明，可观测宇宙中的所有物质开始时距离非常近，而且我们如今观察到的整个宇宙是在大约 140 亿年前的一个瞬间形成的。

　　宇宙的年龄究竟是如何得出的? 我们可以利用哈勃定律进行估算。想象一下，一些微型科学家居住在图 4-11 中气球上的 B 点上。假设，在气球开始膨胀 3 秒后，他们测量了以下数据:

· A 点距离他们 3 厘米，以 1 厘米 / 秒的速度移动。
· C 点距离他们 3 厘米，以 1 厘米 / 秒的速度移动。
· D 点距离他们 6 厘米，以 2 厘米 / 秒的速度移动。

　　他们将观察结果总结如下: 每个点都在以 (每隔 3 厘米距离) 1 厘米 / 秒的速度远离他们。因为气球的膨胀是均匀的，所以居住在任何其他点上的科学家都会得出同样的结论。每个居住在气球上的科学家都断定，下面的公式可以将气球上其他点的距离和速度关联起来:

$$v= \left( \frac{1}{3\mathrm{s}} \right) \cdot d$$

　　其中 $v$ 和 $d$ 分别是任意点的速度和距离，3s 即 3 秒的时间。

　　如果微型科学家把气球看成一个气泡，他们可能会把与距离和速度相关的数字，即前面公式中的 1/3s 称为 "气泡常数"。一个特别有见地的微型科学家可能会把"气泡常数"翻过来,发现它正好等于气球开始膨胀以来所经过的时间,也就是说,1/3s 说明气球已经膨胀了 3 秒。也许你明白了我们要讨论的内容了。

从"气泡常数"的倒数,微型科学家知道气球已经膨胀了 3 秒,同理,从哈勃常数的倒数 $1/H_0$,我们知道宇宙已经膨胀了多长时间。气球的"气泡常数"取决于测量时间,但它始终等于 1 除以气球开始膨胀以来的时间。同样,哈勃常数随时间变化,但它大致等于 1 除以宇宙的年龄。我们称它为常数,不仅因为它在宇宙中的任意位置都是相同的,而且因为它的值在人类文明的时间尺度上没有明显的变化。

仅仅根据哈勃常数的值就可以简单估算出宇宙的年龄略低于 140 亿年。要想得出宇宙年龄更精确的值,我们需要知道,随着时间的推移,宇宙膨胀是在加速还是在减缓,这个问题将在第 14 章中详细讨论。如果宇宙膨胀的速度随着时间的推移而减缓(例如,由于引力作用),那么宇宙的年龄就会略小于 $1/H_0$。

如果膨胀速度随着时间的推移而加速(目前的证据表明只是较小的加速),那么宇宙的年龄就会略大于 $1/H_0$。目前最有力的证据表明,宇宙的年龄接近 140 亿年。

## 回溯时间与宇宙学红移

当我们试图确定遥远星系的距离时,因为星系的距离总是在变化,所以就会产生一个复杂的问题。假设你想通过观测 10 亿年前出现的超新星来确定星系的距离,那么你从超新星和它所在星系中观察到的光子一定已经传播了 10 亿光年的总距离,因为光子以光速传播,而且它们的传播之旅耗时 10 亿年(见图 4-12)。然而,这 10 亿光年的距离小于超新星所在星系目前的距离,却大于超新星出现时的距离,因为在超新星发出的光到达地球的这段时间里,星系的距离一直在不断增加。那么,如果有人问我们该星系的距离,我们该怎么回答呢?

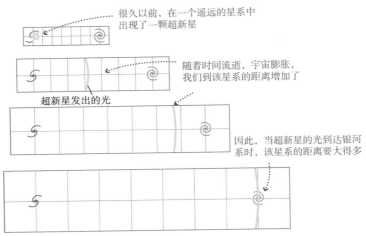

很久以前，在一个遥远的星系中出现了一颗超新星

随着时间流逝，宇宙膨胀，我们到该星系的距离增加了

超新星发出的光

因此，当超新星的光到达银河系时，该星系的距离要大得多

**图 4-12　遥远星系超新星的光到达银河系的演示**

注：在不断膨胀的宇宙中，遥远天体的距离不断变化。这张图展示的是在星系中的超新星爆炸发出的光到达地球的时间里，星系的距离是如何变化的。因为距离是变化的，所以描述星系距离最有用的方法是描述它的回溯时间，即光到达地球的时间。

天文学家发现，描述星系距离最清晰的方法是用它发出的光到达地球的时间，我们称这个时间为星系的回溯时间，因为这意味着我们看到的星系是它许多年前的样子。例如，当天文学家说某个星系"距离我们 10 亿光年"时，他们通常是指该星系的回溯时间为 10 亿年。

解释遥远星系的红移同样需要类似的思维转变。解释星系红移的一种方法是用星系远离我们的速度（哈勃定律中的 $v$）。然而，我们的气球类比提出了另一种解释：我们可以认为星系基本上是静止的，就像粘在气球上的圆点一样，而它们之间的空间却在变大。从这个角度来看，宇宙膨胀导致光子的波长随着时间推移而变长（变红），就像橡胶板上的波浪线随着橡胶板的膨胀而伸展开一样（见图 4-13）。

从本质上看，在解释遥远星系的红移时，我们可以认为红移是由星系远离我们时的多普勒效应引起的，也可以认为是由宇宙膨胀中的光子拉伸引起的宇宙学红移。对于遥远的星系，天文学家发现后一种观点更有用。这种观点认为，空间本身是随着时间的推移而膨胀的，空间在膨胀期间携带着星系，而且光子的波长变长。因此，从星系的红移可知在星系发出的光传播到地球的时间里空间膨胀了多少，从星系的回溯时间可知星系发出的光传播了多远。

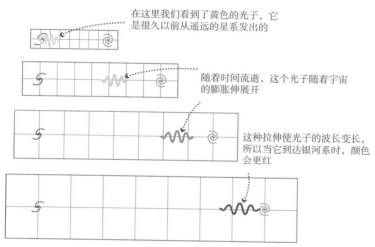

在这里我们看到了黄色的光子，它是很久以前从遥远的星系发出的

随着时间流逝，这个光子随着宇宙的膨胀伸展开

这种拉伸使光子的波长变长，所以当它到达银河系时，颜色会更红

图 4-13　星系发出的光的红移

注：随着宇宙的膨胀，光子的波长会变长。这种宇宙学红移使它们移向光谱红色的一侧。

## 宇宙视界

在讨论宇宙膨胀时，我们强调宇宙作为一个整体似乎没有边界。也许你在想，宇宙视界之外一定有什么东西。毕竟，随着时间的推移，我们可以看得越来越远。我们所看到的新事物一定来自某个地方，不是吗？然而，我们在前文已讨论过，宇宙的年龄限制了可观测宇宙的大小：在宇宙视界之外，我们无法看到任何天体，宇宙视界代表着回溯时间等于宇宙 140 亿年年龄的距离。

请注意，宇宙视界是时间的边界，而不是空间的边界。在任何时刻，无论我们朝哪个方向看，宇宙视界都位于时间的起点，而且包含一定体积的宇宙。在下一个时刻，宇宙视界仍然位于时间的起点，但它所包含的宇宙体积会稍大一些。

我们之所以无法看到宇宙视界之外的天体，并不是因为它限制了星系存在的距离，而是因为只要天体超过宇宙视界，其回溯时间都大于宇宙的年龄。光还没有时间从这些时空位置到达地球，所以可观测宇宙终止于宇宙视界。当我们凝视遥远的宇宙时，我们是在回溯空间和时间。我们不能"越过视界"，因为我们不能回溯宇宙开始之前的时间。

# Q5　当我们回溯时间时，会看到什么？

最遥远的星系在大约 130 亿年前就已经有了恒星，这意味着这些恒星的年龄与银河系中最古老的恒星的年龄相当。因此，我们似乎可以肯定，大多数星系大约就是在那个时候开始形成的。而距离、宇宙学红移和回溯时间之间的关系，意味着强大的望远镜可以像时间机器一样用来观测星系的生命历程，我们对宇宙的观测越远，回溯的时间就越久远。

与天文学的大多数领域一样，我们将观测和理论建模相结合来研究星系的演化。观测使我们能够了解星系随着时间演化的关键信息，而理论建模对于了解星系形成的早期阶段尤为重要，因为我们无法进行直接观测。

## 观测不同年龄的星系

星系的回溯时间与它的年龄直接相关，回溯时间为 130 亿年的星系在具有 140 亿年历史的宇宙中一定是新生的，而银河系附近的大多数星系都与银河系年龄相当，都有 130 亿年的历史。

　　回溯时间和年龄之间的这种关系为我们提供了良好的契机：只需拍摄不同距离的星系，我们就可以制作"家庭相册"，展示处于不同发展阶段的星系。图 4-14 展示了椭圆星系、旋涡星系和不规则星系的部分"家庭相册"。每张照片展示的是一个星系生命历程中的一个阶段。按照星系类型将这些照片分组，我们就可以看到特定类型的星系是如何随着时间而变化的。

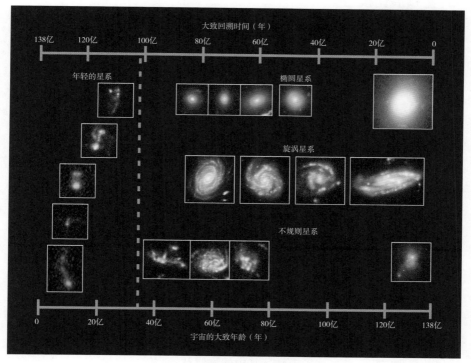

图 4-14　不同阶段星系的"家庭相册"

注：这些照片都是出自哈勃极深场的星系放大图。我们看到了更遥远的星系年轻时的样子；宇宙的大致年龄显示在底部的横轴上，回溯时间显示在顶部。该图假设宇宙的年龄为 138 亿年，这是目前最准确的估计了。

　　当我们沿着时间轴排列星系照片时，我们发现的最有趣的事情之一是，最年轻的星系与像银河系这样的成熟星系明显不同。

例如，请看图 4-14 中的年轻的星系。它们看起来混乱无序，这表明它们正处于碰撞和合并之中。在宇宙有大约 30 亿年的历史之前，这样无序的星系显然是非常普遍的。相比之下，成熟的星系通常看起来更加有序，例如图 4-14 中的旋涡星系和椭圆星系。

## 星系演化模型

这些发现支持星系演化模型，在该模型中，星系是随着时间的推移，通过与其他星系和原星系云碰撞和合并而逐渐形成的。这类模型做了如下假设：

· 在宇宙很年轻的时候，即在其诞生后的最初 100 万年里，氢气和氦气几乎均匀地充满了整个空间。

· 物质在宇宙中的分布并不是完全均匀的，宇宙某些区域的密度在开始时比其他区域的密度略微大些。

我们强有力的观测证据证明了这些假设。基于这些假设，我们可以运用公认的物理定律来构建星系形成的模型，目的是追踪早期宇宙中密度较大的区域是如何成长为星系的（见图 4-15）。

模型显示，密度较大的区域最初是与宇宙的其他部分一起膨胀的。然而，这些区域的引力略微大些，使它们的膨胀逐渐减缓。在大约 10 亿年内，这些区域的膨胀停止，并发生了逆转，其中的物质开始收缩成原星系云，这与那些最终形成银河系的气体云非常相似。

基于上述观点，模型预测，星系的演化主要依赖于原星系云、新形成的星系与其邻居碰撞的频率。在宇宙历史的早期，所有的星系相距较近，这些碰撞应该是经常发生的。后来，在星系之间的平均距离变大之后，碰撞就不太常见了，这使得星系形成了当今宇宙中典型的旋涡形和椭圆形。

## 后续计划

星系演化模型的预测与我们在图 4-14 中所看到的完全一致。在宇宙的历史中，星系确实在早期看起来混乱无序，而在后期就有序多了。然而，即使是最成功的星系演化模型也不能在每个细节上与观测结果相吻合。

这一领域的未来进展取决于计算机技术的发展和新一代望远镜的诞生。目前构建星系演化模型需要一些世界上最强大的超级计算机，而且随着计算能力的提高，所构建的模型会越来越精准。

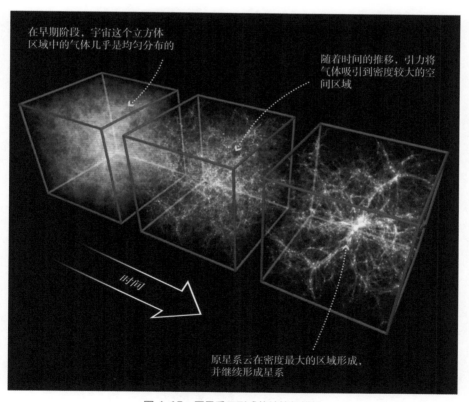

在早期阶段，宇宙这个立方体区域中的气体几乎是均匀分布的

随着时间的推移，引力将气体吸引到密度较大的空间区域

时间

原星系云在密度最大的区域形成，并继续形成星系

图 4-15　原星系云形成的计算机模拟

注：模拟的空间区域大约有 5 亿光年宽，并继续形成无数星系。

　　我们对星系演化的观测将在未来十年内得到大幅改进。作为哈勃空间望远镜的继任者，2021 年发射的詹姆斯·韦布空间望远镜[①]能够看得更远，该望远镜对红外光特别敏感，非常适合观察最遥远星系的巨大红移光。天文学家希望看到星系形成的最早阶段，让科学的进程带领我们更进一步靠近时间的起点。

---

[①] 2022 年 11 月，詹姆斯·韦布空间望远镜发现了宇宙大爆炸后最早形成的星系之一，即 SS-Z12 星系。该星系形成于宇宙诞生后的 3.5 亿年，成为目前为止人类发现的宇宙中最早的星系。——编者注

## 要点回顾
The Cosmic Perspective Fundamentals >>>

- 对星系距离的测量依赖于一系列的方法。这些方法始于太阳系中的雷达测距和银河系中恒星距离的视差测量，然后根据标准烛光来测量与其他星系的距离。

- 根据哈勃定律，越遥远的星系，远离我们的速度越大。利用哈勃定律，我们可以根据星系远离我们的速度来确定其距离，而星系的速度可以通过其多普勒频移来测量。

- 星系之间的平均距离在不断增加，这意味着空间本身也在随着时间而膨胀。不断膨胀的宇宙似乎既没有中心，也没有边界。

- 将星系当前的距离除以它当前的速度，我们就可以估算出该星系达到这个距离所需的时间，这样我们就能够确定哈勃常数。由哈勃常数可知，宇宙中的星系大约需要 140 亿年才能到达它们当前的距离，这样我们就可以估算出宇宙的年龄。

- 通过收集不同回溯时间的星系的"家庭相册"，我们发现，星系在宇宙非常年轻的时候比在后期看起来更混乱无序。这一发现支持我们所构建的星系演化模型，即星系通过较小星系和原星系云合并而逐渐形成。

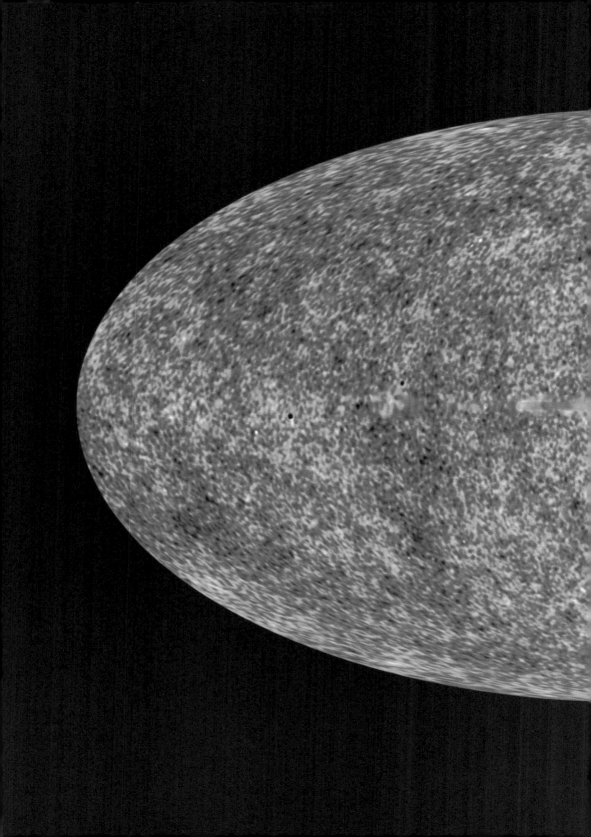

# 05

## 宇宙诞生时什么样

## 妙趣横生的宇宙学课堂

- 大爆炸理论如何解释宇宙的诞生?

- 宇宙最初的 10 亿年什么样?

- 宇宙大爆炸理论为何获得广泛认可?

- 氦元素是如何"支持"大爆炸理论的?

- 宇宙到底是弯曲的还是平坦的?

The Cosmic Perspective Fundamentals >>>

章首页背景图记录的是来自最遥远星系以外的光。它显示的是宇宙非常年轻时释放的微波辐射，当时还没有恒星或星系诞生。当天空出现时，我们从地球的各个方向看到了整个天空，天空中不同的颜色代表了辐射释放时宇宙温度的微小差异。这张图片很重要，因为它为大爆炸理论提供了强有力的证据。该理论认为，宇宙在诞生时处于非常炽热和致密的状态，此后就一直在膨胀和冷却。

本章内容，你将超越遥远的星系，回溯物质和能量的起源，甚至回溯时间本身的起源，学习描述宇宙早期状况的大爆炸理论和支持该理论的证据。

## Q1 大爆炸理论如何解释宇宙的诞生？

星系、恒星和行星都是由早期宇宙中的物质逐渐聚集形成，然而，有一个关键问题还没有回答：物质本身从何而来？早期宇宙究竟是怎样的？

观测表明，宇宙随着时间的推移而膨胀和冷却，这意味着它在过去一定温度更高、密度更大。由此，科学家们对早期宇宙状况提出一个具有显著影响力的学说——大爆炸理论，即宇宙最初是一个非常密集、高温、高密度的状态，并曾发生一段从热到冷的阶段，经历了一个迅速膨胀的过程，不断地膨胀使得物质密度从密到稀，犹如一次规模巨大的爆炸。该理论基于将已知和经过检验的物理定律应用于这样一种观点：我们今天所看到的一切，从地球到宇宙视界，都始于极其炽热、致密物质和辐射的聚集。

对此，科学家们尝试精确计算宇宙被压缩时的温度和密度，这就像计算挤压气球时气球中气体的温度和密度是如何变化的一样，只不过宇宙的状况更为极端。基于这样的计算，图 5-1 展示了宇宙的温度是如何随时间而变化的。

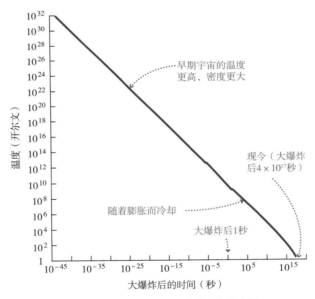

图 5-1　宇宙在大爆炸后随着膨胀而冷却

注：利用物理定律和宇宙当前的温度（约 3 开尔文），我们可以计算出宇宙在过去的温度，这张图显示的就是计算结果。请注意，两个坐标轴的刻度都以 10 的幂来标注，所以尽管图的大部分显示的是大爆炸后第 1 秒的温度，但图的右边延伸到了现在（140 亿年 ≈ $4 \times 10^{17}$ 秒）。（图中温度为 $10^{12}$ 开尔文和 $10^9$ 开尔文的小节点分别对应宇宙变得太冷而无法产生新质子和新电子的时刻。）

## 粒子的产生与湮灭

大爆炸理论成功地描述了粒子和光子的强烈聚集是如何通过膨胀和冷却形成了目前由恒星和星系组成的宇宙。根据爱因斯坦的公式 $E=mc^2$，宇宙在大爆炸后的最初几秒内温度非常高，这使光子可以将自己转化为物质，反之亦然。虽然产生和破坏物质的反应如今在宇宙中相对罕见，但物理学家可以用大型强子对撞机等粒子加速器重现许多这样的反应。

其中一个反应就是电子－正电子对的产生或破坏（见图 5-2）。当两个光子以总能量大于电子质能的 2 倍（电子的质量乘以 $c^2$）相撞时，它们可以产生两个全新的粒子，一个带负电的电子和它带正电的孪生电子，即正电子。电子是物质粒子，正电子是反物质粒子。产生电子－正电子对的反应也可以反向进行。当电子和正电子相遇时，它们会完全湮灭对方，将它们的质能转化为光子能量。

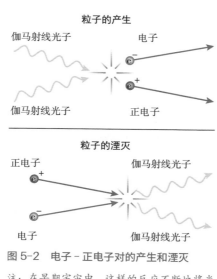

图 5-2　电子－正电子对的产生和湮灭

注：在早期宇宙中，这样的反应不断地将光子转化为粒子，反之亦然。

类似的反应可以产生或破坏任何粒子－反粒子对，如质子和反质子或中子和反中子。因此，早期的宇宙充满了极其炽热和密集的光子、物质和反物质的混合体，它们疯狂地来回转换。尽管早期宇宙中存在这样激烈的反应，但是描述早期宇宙的状况还是很简单的，至少在原则上是这样。我们只需运用物理定律计算出宇宙早期历史中每个时刻各种形式的辐射和物质的比例即可。唯一的困难在于我们尚未完全理解物理定律。

迄今为止，物理学家已经研究了在宇宙大爆炸后 100 亿分之一（$10^{-10}$）秒时高温下物质和能量的状态，这使我们相信我们实际上已了解了宇宙早期发生的状况。我们还无法从物理学上理解宇宙在更早时期更极端条件下的状况，但对宇宙诞生仅仅 $10^{-38}$ 秒时的状况有了一些认识（也许对宇宙诞生仅 $10^{-43}$ 秒时的状况有了些许认识）。远远不到一秒的时间太短，所以我们实际上研究的是宇宙诞生的那一刻，即大爆炸本身。

## 基本力

要理解早期宇宙中发生的变化，从力的角度来思考会大有帮助。如今宇宙中发生的一切都受 4 种不同力的支配：引力、电磁力、强力和弱力。

引力是 4 种力中最常见的一种，它就像胶水一样将行星、恒星和星系黏合在一起。电磁力取决于粒子的电荷而非质量，它比引力大得多。因此，它是原子和分子中粒子之间的主导力量，是所有化学和生物反应产生的因素。然而，在大型天体中，正负电荷之间的平衡使它们呈电中性，并使电磁力在大尺度上小于引力。因此，引力成为这类天体的主导力量。质量越大，引力就越大。

强力和弱力只在极短的距离内起作用，因此它们在原子核内很重要，但在更大的尺度上并不重要。强力将原子核结合在一起。弱力在核裂变和核聚变等核反应中起着至关重要的作用，它是除引力之外唯一影响中微子等弱相互作用粒子的力。

　　尽管这4种力的表现各不相同，但目前的基础物理模型预测，它们实际上是少数更基本的力的不同方面。这些模型预测，在宇宙早期的高温下，这4种力不会像如今这样泾渭分明（见图5-3）。

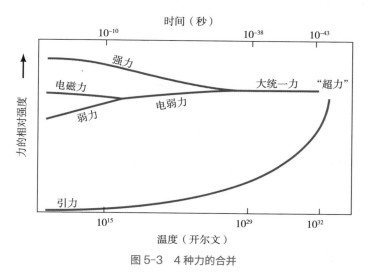

图5-3　4种力的合并

注：这4种力在低温下截然不同，但在非常高的温度下可能会合并，比如在大爆炸后最初一瞬间的高温下。

　　打个比方，想一想冰、液态水和水蒸气。这3种物质在外观和性质上有很大的不同，但它们都是单一物质水的不同形态。同样，实验表明，在非常高的温度或能量下，电磁力和弱力会失去各自的特性，并合并成单一的电弱力。在更高的温度和能量下，电弱力可能与强力合并，并最终与引力合并。预测电弱力和强力合并的模型通常被称为大统一理论（grand unified theories，GUTs）。

　　因此，强力、弱力和电磁力的合并通常被称为大统一力。许多物理学家认为，在更高的能量下，大统一力和引力会合并成单一的"超力"，"超力"支配着一切事物的行为。目前将这4种力关联起来的理论被称为超对称理论、超弦理论和超引力理论。

如果这些理论是正确的，那么宇宙在大爆炸后的第一个瞬间就只受"超力"支配了。随着宇宙的膨胀和冷却，"超力"分裂为引力和大统一力，大统一力又进一步分裂为强力和电弱力。最后，这 4 种力就截然不同了。这些基本力的变化可能发生在宇宙年龄还不到 100 亿分之一秒的极短时间内。

# Q2　宇宙最初的 10 亿年什么样？

大爆炸理论利用对粒子和力的科学理解来重构宇宙的历史。若将宇宙的历史概括为一系列的时期或时间段，截至目前，宇宙已历经 8 个时期，每个时期都因宇宙冷却时物理条件发生了一些重大变化而与下一个时期有所区别。

在学习过程中，你会发现参阅图 5-4 所示的时间线很有帮助；请注意，这个图中的时间刻度以 10 的幂来标示，这意味着早期的时期非常短暂，尽管它们在图上看起来很分散，但你学习本章所花的时间比宇宙经历前 5 个时期所花的时间还要长，因为到那时宇宙的化学成分已经确定了，而这 5 个时期的一切都发生在 0.001 秒内。

## 普朗克时期

大爆炸后的第一个时期被称为普朗克时期，以物理学家普朗克的名字命名，它代表宇宙诞生 $10^{-43}$ 秒之前的时期。我们对这一时期不做过多讨论，因为目前的物理学理论无法对当时的状况做出准确的预测。尽管如此，我们至少对普朗克时期如何结束还是有些了解的。

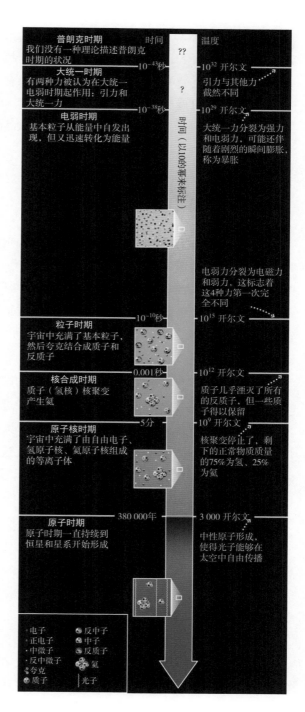

**图 5-4 早期宇宙各时期的时间线**

注：图中唯一没有显示的时期是星系时期，它始于恒星和星系的诞生，当时宇宙只有几亿年的历史。

回顾一下图 5-3，你会看到这 4 种力在 $10^{32}$ 开尔文以上的温度下，即普朗克时期普遍的温度下，合并成单一的、统一的"超力"。在这种情况下，普朗克时期是一个极其简单的时期，当时自然界中只有一种力在起作用，当温度下降到足够低，使引力与其他 3 种力区分开时，这一时期就结束了，其他 3 种力仍会合并为大统一力。因为与液体冷却时形成冰晶的方式类似，所以我们说引力在普朗克时期的末期"冻结"了。

## 大统一时期

下一个时期被称为大统一时期，因大统一理论而得名，该理论预测，在 $10^{29}$ 开尔文以上的温度下，强力、弱力和电磁力合并为单一的大统一力（见图 5-3）。在这一时期，两种力，即引力和大统一力，在宇宙中起作用。当大统一力分裂为强力和电弱力时，大统一时期就结束了，大统一力的分裂发生在宇宙诞生仅 $10^{-38}$ 秒时。

目前对物理学的理解使我们对大统一时期的讨论比对普朗克时期的讨论略多一点，而且我们对大统一时期的看法都没有经过充分的检验，所以我们对那个时期发生的事情并没有那么确认。然而，如果大统一理论是正确的，那么强力和电弱力的"冻结"可能释放了巨大的能量，这导致宇宙突然急剧膨胀，称为暴胀。仅仅在 $10^{-36}$ 秒，即一兆兆兆分之一秒，原子核大小的宇宙碎片可能已经膨胀到太阳系的大小。

暴胀听起来很离奇，但正如我们稍后将讨论的那样，它可以解释当今宇宙的几个重要特征。

## 电弱时期

大统一力的分裂标志着另一个时期的开始，在这个时期中，3 种不同的力在起作用：引力、强力和电弱力。我们称这个时代为电弱时期，这表明电磁力和弱力仍然融合在一起。强烈的辐射继续充斥着整个宇宙空间，就像普朗克时期以来那样，它们自发地产生物质和反物质粒子，而这些物质和反物质粒子几乎立即相互湮灭，并重新转化为光子。

在整个电弱时期，宇宙继续暴胀和冷却，当它达到 $10^{-10}$ 秒的年龄时，温度下降到 $10^{15}$ 开尔文，这个温度仍比如今太阳核心的温度高 1 亿倍，但足够低，足以使电磁力和弱力从电弱力中"冻结"出来。在这一刻（ $10^{-10}$ 秒）之后，这 4 种力在宇宙中就永远不同了。

## 粒子时期

只要宇宙温度足够高，可以自发产生和湮灭粒子，粒子的总数就大致与光子的总数保持平衡。一旦温度过低，这种自发的物质和能量交换就无法继续，光子就成了宇宙中主要的能量形式。我们把电弱时期结束到自发粒子停止生成之间的时间称为粒子时期，目的是强调亚原子粒子在这一时期的重要性。

在粒子时期的早期以及更早的时期，光子变成了不在现今宇宙中自由存在的各种奇异粒子，包括夸克，夸克为质子和中子的组成部分。到粒子时期的末期，所有的夸克都结合成质子和中子，然后它们与电子和中微子等其他粒子共同存在于宇宙中。

当宇宙达到 1 毫秒的年龄时，粒子时期就结束了，此时宇宙的温度不够高，无法从能量中自发地产生质子和反质子。如果当时宇宙中含有等量的质子和反质子，它们就会相互湮灭，产生光子，那么宇宙中基本上就没有任何物质了。从如今宇宙中含有大量物质这一显而易见的事实来看，我们可以得出结论，在粒子时期末期，质子的数量一定略多于反质子。

我们可以通过比较目前宇宙中质子和光子的数量，估计物质与反物质的比例。在宇宙的早期，质子和光子的数量应该是相似的，但如今光子的数量和质子的数量之比约 $10^{10}$（10 亿）：1。这个比例表明，在早期宇宙中，每 10 亿个反质子中，必然有大约 10 亿零 1 个质子，也就是说，在粒子时期的末期，每 10 亿个质子和反质子相互湮灭，就会剩下 1 个质子。这种比反物质稍多的物质构成了当今宇宙中的所有普通物质。

## 核合成时期

到目前为止，我们所讨论的时期都发生在宇宙存在的最初 0.001 秒内，这比你眨眼的时间还要短。此时，正反物质湮灭后遗留下来的质子和中子开始发生核聚变，形成更重的原子核。然而，宇宙的温度仍然很高，致使大多数原子核在形成之初就被伽马射线炸裂。

这种核聚变和破坏的过程标志着核合成时期的到来，这一时期在宇宙诞生大约 5 分钟时就结束了。此时，不断膨胀的宇宙的密度已变小了很多，核聚变不再发生，尽管温度仍为约 10 亿开尔文，这个温度比太阳核心的温度要高得多。

在核合成时期的末期，核聚变停止，此时宇宙的化学成分按质量计已经变成了大约 75% 的氢和 25% 的氦，还有微量的氘（带有 1 个中子的氢）和锂（仅次于氢和氦的轻元素）。除一小部分物质后来被恒星锻造成了更重的元素外，宇宙的化学成分至今仍保持不变。

## 原子核时期

核聚变停止后，宇宙由氢原子核、氦原子核和自由电子组成的温度很高的等离子体组成。在这段时间内，完全电离的原子核独立于电子运动，而不是与中性原子中的电子结合，所以我们称之为原子核时期。在这个时期，光子从一个电子快速弹射到另一个电子，就像它们如今在太阳内部深处那样，在两次碰撞之间它们从未移动很远。每当原子核设法俘获电子以形成完整的原子时，其中 1 个光子就会迅速将其电离。

当膨胀的宇宙大约 38 万岁时，原子核时期就结束了。此时，宇宙的温度下降到 3 000 开尔文，大约是如今太阳表面温度的一半。氢原子核和氦原子核最终俘获了电子，第一次形成了稳定的中性原子。

随着电子被束缚在原子中，宇宙变得透明，仿佛浓雾突然消散了一样。先前被困在电子中的光子开始在宇宙中自由流动。我们如今仍把这些光子看作宇宙微波背景，下文将对此进行探讨。

## 原子时期和星系时期

在前面的章节中，我们已讨论了宇宙历史的部分阶段。原子核时期的结束标志着原子时期的开始，当时的宇宙由中性原子、等离子体（离子和电子）以及大量光子组成。

由于宇宙中物质的密度在不同的地方略有不同，引力慢慢地将原子和等离子体吸引到密度较高的区域，这些区域聚集成原星系云。恒星在这些云团中形成，云团随后合并形成星系。

在宇宙大约 10 亿岁的时候，第一个成熟的星系形成了，于是开始了我们所说的星系时期，这个时期一直延续至今。星系中一代又一代的恒星不断地形成比氢更重的元素，并将它们融入新的恒星系统中。这些恒星系统有一些会形成行星，在这些行星中至少有一颗突然在数十亿年前诞生了生命。现在我们在这里，思考着这一切。

我们对大爆炸理论所描述的宇宙历史进行了简要概述，图 5-5 是对其中主要观点的总结。在本章最后，我们将讨论支持这一理论的证据。

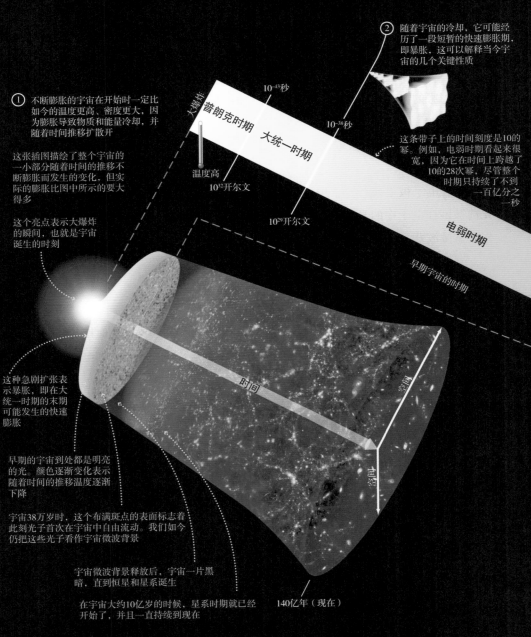

① 不断膨胀的宇宙在开始时一定比如今的温度更高、密度更大，因为膨胀导致物质和能量冷却，并随着时间推移扩散开

② 随着宇宙的冷却，它可能经历了一段短暂的快速膨胀期，即暴胀，这可以解释当今宇宙的几个关键性质

这条带子上的时间刻度是10的幂。例如，电弱时期看起来很宽，因为它在时间上跨越了10的28次幂，尽管整个时期只持续了不到一百亿分之一秒

这张插图描绘了整个宇宙的一小部分随着时间的推移不断膨胀而发生的变化，但实际的膨胀比图中所示的要大得多

这个亮点表示大爆炸的瞬间，也就是宇宙诞生的时刻

这种急剧扩张表示暴胀，即在大统一时期的末期可能发生的快速膨胀

早期的宇宙到处都是明亮的光。颜色逐渐变化表示随着时间的推移温度逐渐下降

宇宙38万岁时，这个布满斑点的表面标志着此刻光子首次在宇宙中自由流动。我们如今仍把这些光子看作宇宙微波背景

宇宙微波背景释放后，宇宙一片黑暗，直到恒星和星系诞生

在宇宙大约10亿岁的时候，星系时期就已经开始了，并且一直持续到现在

大爆炸
普朗克时期
大统一时期
电弱时期
10⁻⁴³秒
10⁻³⁸秒
10³²开尔文
10²⁹开尔文
温度高
早期宇宙的时期
时间
空间
密度
140亿年（现在）

图 5-5　早期宇宙

注：大爆炸理论是一种科学模型，它解释了宇宙是如何从极其炽热和致密的起始状态发展至今的。

该示意图展示了早期宇宙的状况是如何在宇宙随着时间推移不断膨胀和冷却的过程中发生变化的。

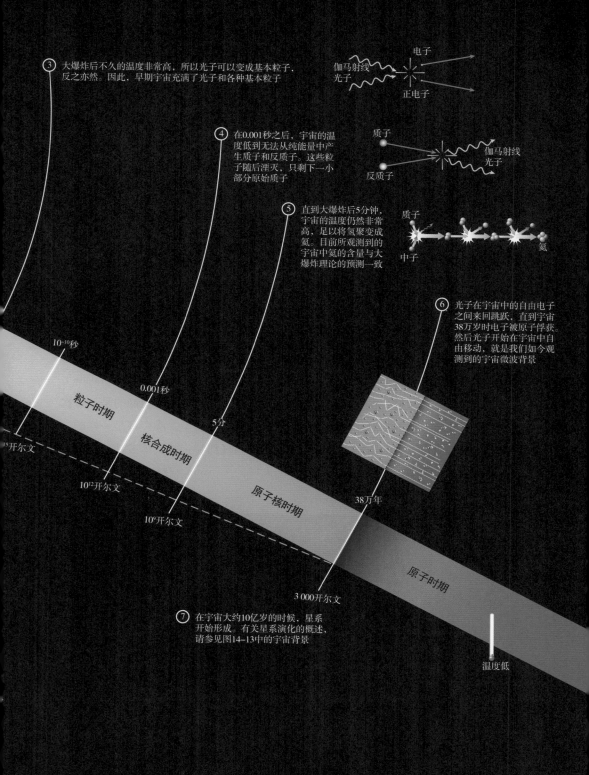

③ 大爆炸后不久的温度非常高，所以光子可以变成基本粒子，反之亦然。因此，早期宇宙充满了光子和各种基本粒子

电子
伽马射线
光子
正电子

④ 在0.001秒之后，宇宙的温度低到无法从纯能量中产生质子和反质子，这些粒子随后湮灭，只剩下一小部分原始质子

质子
伽马射线
光子
反质子

⑤ 直到大爆炸后5分钟，宇宙的温度仍然非常高，足以将氢聚变成氦。目前所观测到的宇宙中氦的含量与大爆炸理论的预测一致

质子
中子
氦

⑥ 光子在宇宙中的自由电子之间来回跳跃，直到宇宙38万岁时电子被原子俘获。然后光子开始在宇宙中自由移动，就是我们如今观测到的宇宙微波背景

$10^{-10}$秒

粒子时期

0.001秒

核合成时期

5分

原子核时期

38万年

$^{15}$开尔文

$10^{12}$开尔文

$10^9$开尔文

3 000开尔文

原子时期

⑦ 在宇宙大约10亿岁的时候，星系开始形成。有关星系演化的概述，请参见图14-13中的宇宙背景

温度低

# Q3　宇宙大爆炸理论为何获得广泛认可？

　　像任何科学理论一样，大爆炸理论是一种旨在解释一系列观测结果的自然模型。该模型的灵感来自哈勃对宇宙的观测，他观测到宇宙正在膨胀，这意味着在过去宇宙一定密度更大、温度更高。

　　然而，像任何科学模型一样，大爆炸模型必须对宇宙的其他可观测特征做出可检验的预测，这也是它获得广泛科学认可的原因。其中一个预测与宇宙微波背景有关——大爆炸理论预测：在原子核时代末期在宇宙中流动的辐射，如今应该仍然存在。果不其然，我们发现宇宙中充满了我们所说的宇宙微波背景，它的特性与理论预测的完全吻合，由此进一步证明宇宙大爆炸曾发生过。

　　宇宙微波背景是在 1965 年发现的。当时，新泽西州贝尔实验室的两位物理学家阿尔诺·彭齐亚斯（Arno Penzias）和罗伯特·威尔逊（Robert Wilson）正在校准用于卫星通信的灵敏微波天线（见图 5-6）。令他们懊恼的是，每次测量都会发现意想不到的噪声，无论天线的方向朝向哪里，噪声都是一样的。这表明噪声源自天空的所有方向，而不可能源自任何特定的天体或地球上的任何地方。

图 5-6　彭齐亚斯和威尔逊以及贝尔实验室的微波天线

与此同时，附近普林斯顿大学的物理学家正忙于计算大爆炸的余热遗留下来的辐射可能具有的特征。他们得出的结论是，如果真的发生过大爆炸，那么这种辐射应该遍布整个宇宙，而且应该可以用微波天线探测到。普林斯顿大学的研究团队很快与彭齐亚斯和威尔逊见了面，并交换了意见。他们都意识到，贝尔实验室天线收到的噪声就是所预测的宇宙微波背景，这是证明宇宙大爆炸确实发生过的第一个强有力的证据。

## 宇宙微波背景的起源

宇宙微波背景由自原子核时期结束以来在太空传播的微波光子组成，当时宇宙中的大多数电子与原子核结合形成了中性原子。从那时起，由于几乎没有自由电子来阻挡光子，大多数光子在宇宙中畅通无阻地穿梭（见图 5-7）。当我们观察宇宙微波背景时，我们实际上看到的是原子核时期末期的景象，当时宇宙只有 38 万年的历史。

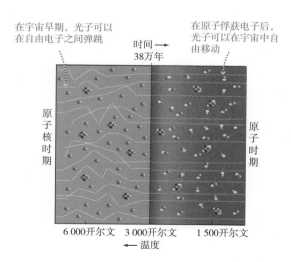

图 5-7 从原子核时期到原子时期光子的变化

注：在原子核时期，光子（黄色曲线所示）经常与自由电子碰撞，因此只有当电子被束缚在原子中后光子才能自由移动，这种转变有点像从浓雾到晴空的转变。在原子核时期的末期，当时宇宙大约 38 万岁，被释放的光子构成了宇宙微波背景。通过对这种辐射的精确测量，我们可以得知宇宙在当时是什么样子的。

请注意，宇宙微波背景表示我们所能看到的时间的极限。在微波背景辐射被释放出来之前，宇宙中充满了难以穿透的电子雾，所以我们看不到更早时期的光。然而，宇宙微波背景为我们提供了更早时期的线索，因为在微波背景辐射被释放出来时，宇宙的状况是由发生在更早时期的事件决定的。

## 宇宙微波背景的特征

大爆炸理论预测，宇宙微波背景是来自宇宙本身的热量，因此它们的热辐射光谱应该基本完美。这种辐射是在宇宙冷却到大约 3 000 开尔文的温度（近似于红巨星的表面温度）时释放出来的，所以就像来自红巨星的热辐射一样，它们的光谱最初应该在大约 1 000 纳米的波长处达到峰值。因为宇宙相比那时已经膨胀了大约 1 000 倍，这些光子的波长如今应该延伸到了其原始值的 1 000 倍左右，因此，我们预计宇宙微波背景的峰值波长大约是 1 毫米，正好位于光谱的微波部分，并对应于绝对零度以上几开尔文的温度。

20 世纪 90 年代初，NASA 发射了一颗名为宇宙背景探测器（COBE）的卫星来检验关于宇宙微波背景的这些观点。结果证明大爆炸理论是非常成功的。如图 5-8 所示，宇宙微波背景的热辐射光谱确实很完美，其峰值对应的温度为 2.73 开尔文。

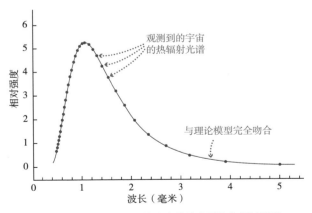

图 5-8　COBE 所记录的宇宙微波背景的热辐射光谱

注：温度为 2.73 开尔文时，理论计算的热辐射谱（平滑曲线所示）与数据（圆点所示）完全吻合。这种完美的拟合是支持大爆炸理论的重要证据。

　　宇宙背景探测器后续的探测器，即威尔金森微波各向异性探测器和欧洲的普朗克卫星，也绘制了宇宙微波背景在各个方向的温度图（见图 5-9）。结果发现，正如大爆炸理论所预测的那样，整个宇宙的温度异常均匀，不同区域只有十万分之几开尔文的变化。此外，这些微小的变化也表明大爆炸理论的预测很成功。回想一下，星系形成的理论是建立在早期宇宙并不完全均匀的假设之上的，宇宙中的某些区域在开始时一定比其他区域的密度稍大，因此它们可以作为星系形成的种子。宇宙微波背景温度的微小变化表明，早期宇宙的密度在不同区域确实略有差异。

图 5-9　普朗克卫星测量的宇宙微波背景中的温度差异

注：背景温度在所有位置均约为 2.73 开尔文，但这张图中较亮的区域比较暗的区域温度高约 0.000 1 开尔文，这表明早期宇宙在原子核时期的末期略呈团块状。我们基本上看到了图 5-6 中标记为 "38 万年" 的宇宙表面是什么样子的。后来引力把物质吸引到这些团块的中心，形成了我们如今在宇宙中看到的星系和其他结构。

## Q4　氦元素是如何"支持"大爆炸理论的？

　　除了宇宙微波背景外，大爆炸理论还解决了另一个长期悬而未决的天文学问题：宇宙中氦的起源。大爆炸理论预测，宇宙中的一些原始氢在核合成时代已聚变成氦。对宇宙中实际氦含量的观测结果与大爆炸理论的预测值完全吻合。

在宇宙各处，普通物质（不包括暗物质）的质量约 75% 是氢，约 25% 是氦。恒星中的氦聚变并不能解释为什么宇宙中会存在如此大量的氦，因为即使是少数恒星形成的小星系，氦的含量也达到了 25%。因此，我们得出结论：宇宙中的大部分氦一定是在星系形成之前的原星系云中就已经存在了。换句话说，宇宙本身的温度一定曾经非常高，足以将氢聚变成氦。目前微波背景辐射的温度为 2.73 开尔文，由此我们可以准确地了解在遥远的过去宇宙的温度有多高，以及宇宙可能已经产生了多少氦。宇宙存在 25% 的氦这一结果是证明大爆炸理论很成功的另一个证据。

## 早期宇宙中氦的形成

要搞清楚为什么普通物质中的 25% 变成了氦，我们需要了解在长达 5 分钟的核合成时期质子和中子的行为。在这个时期的早期，宇宙的温度非常高（约 $10^{11}$ 开尔文），核反应可以将质子转化为中子，反之亦然。这些反应使质子和中子的数量几乎相等。但随着宇宙冷却，中子 - 质子转换的反应开始向质子倾斜。

中子的质量比质子稍大，因此根据 $E=mc^2$，将质子转化为中子的反应需要能量才能进行。当宇宙的温度降到 $10^{11}$ 开尔文以下时，产生中子所需的能量不再容易获得，所以这些反应的速率减慢。相反，将中子转化为质子的反应会释放能量，因此温度降低不会对这一过程产生阻碍。当宇宙温度降到 $10^{10}$ 开尔文时，转换反应只会在一个方向上进行，因此质子的数量会超过中子。中子变成了质子，但质子不会变回中子。

在接下来的几分钟里，宇宙的温度仍很高，密度也很大，足以发生核聚变。质子和中子聚变形成氘核，氘是氢的一种罕见形式，其原子核除质子外还有一个中子，而氘核聚变形成氦核（见图 5-10）。起初，氦原子核几乎立刻就被早期宇宙中的大量伽马射线炸开了，但是随着宇宙的冷却，伽马射线越来越少，到宇宙诞生大约 1 分钟时，氦原子核就能够存活下来了。

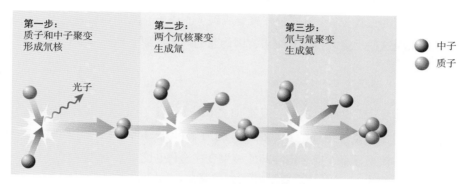

图 5-10　质子和中子聚变形成氦的步骤

注：在长达 5 分钟的核合成时期，宇宙中几乎所有的中子都与质子聚变形成氦。这张图说明了氦形成的一种方式。

　　计算结果显示，此时的质子数与中子数之比为约 7∶1。此外，几乎所有可用的中子都应融入氦原子核中。图 5-11 显示，根据质子数和中子数的比例，在核合成时期的末期，宇宙的质量组成应该是 75% 的氢和 25% 的氦。所预测的氦占比和观测到的氦占比相吻合，这为大爆炸理论提供了强有力的支持。

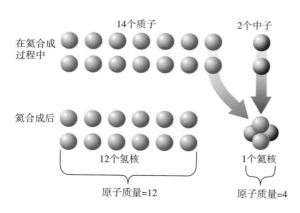

图 5-11　核合成时期末期的氢、氦占比

注：计算结果显示，在核合成时期，质子数与中子数之比为 7∶1，等同于 14∶2。结果是每个氦原子核对应 12 个氢原子核（单个质子）。这意味着氢与氦的质量之比为 12∶4，等同于 75%∶25%。

### 其他轻元素的丰度

为什么大爆炸没有产生更重的元素？当稳定的氦原子核形成时，也就是宇宙诞生大约 1 分钟时，迅速膨胀的宇宙的温度和密度已大幅下降，无法维持碳生成等类似的过程（3 个氦原子核聚变成碳）。质子、氘核和氦之间仍可能发生反应，但这些反应大多没有结果，因为它们产生的原子核不稳定，很快就会分裂。

少数涉及氚（也称为氢 -3）或氦 -3 的反应可以产生稳定的原子核。然而，这些反应对宇宙整体组成的贡献很小，因为氚和氦 -3 非常稀少。早期宇宙中元素产生的模型显示，在宇宙冷却使核聚变完全停止之前，这类反应只会产生微量的锂。除了氢、氦和这种微量的锂，其他元素都是在很久以后由恒星形成的。

## Q5　宇宙到底是弯曲的还是平坦的？

由于宇宙微波背景及宇宙中丰富的氦元素提供了强有力的证据，大爆炸理论得到了人们的广泛认可。然而，这一最简单的理论却没有解释宇宙的几个主要特征。3 个最紧迫的问题如下：

· 像星系这样的结构从何而来？回想一下，成功的星系形成模型基于引力可以把物质聚集在早期宇宙中密度略有增强的区域的假设。通过对宇宙微波背景的变化所进行的观测可知，这种密度增强的区域在宇宙诞生 38 万年时就已存在了，但我们还无法解释这些密度变化是怎样产生的。

· 为什么在大尺度上宇宙几乎是均匀的？尽管宇宙微波背景的微小变化表明，宇宙在大尺度上并不是完全均匀的，但它在十万分之几的范围内是平滑的，这一事实显而易见，因而我们不会认为这纯属偶然。

· 为什么宇宙的几何形状是平坦的？根据爱因斯坦的广义相对论，宇宙的整体几何结构可能是弯曲的，就像气球或马鞍的表面一样。然而，在大尺度上对宇宙的几何结构进行观测还没有发现任何曲率。据我们所知，宇宙的大尺度几何结构是平坦的，这表明精确平衡的几何结构不太可能是偶然出现的。

科学的发展要求我们为宇宙的这些特征寻求自然的解释。因此，接下来，我们将探讨暴胀假说，这个假说可能会提供必要的解释。

暴胀的概念是在 1981 年首次提出的，当时物理学家艾伦·古思（Alan Guth）正在思考在大统一时期的末期，强力与大统一力的分离可能会对宇宙的膨胀产生什么影响。有些高能物理的理论预测，这种力的分离会释放出巨大的能量。古思意识到这种能量可能会导致宇宙急剧膨胀，也许会使宇宙在不到 $10^{-36}$ 秒的时间内就膨胀 $10^{30}$ 倍。宇宙的这段快速膨胀的时期就是科学家所说的暴胀，它可以解开以上 3 个关键谜团。

## 结构：巨大的量子涨落

要理解暴胀如何解释像星系这样需要密度增强的"种子区域"的大型结构的起源，我们需要认识能量场的一个特殊特征。经过实验室检验的量子力学原理告诉我们，在非常小的尺度上，空间中任何一点的能量场都是波动的。因此，能量在空间中的分布也是非常不规则的，即使在完全真空中也是如此。造成这种不规则现象的微小量子波纹可以用大致与其大小相对应的波长来表示。原则上，早期宇宙中的量子波纹可能是密度增强的"种子"，后来成长为星系。然而，原始波纹的波长太小，无法解释在宇宙微波背景上留下印记的密度增强现象。

暴胀会极大地增加量子涨落的波长。宇宙在暴胀期间快速增长，将微小的波纹从比原子核还小拉伸到太阳系大小（见图 5-12），这样波纹就变得足够大，足以使密度增强，由此形成后来的星系和更大的结构。如果情况是这样的话，那么如今宇宙的结构都是从暴胀之前的微小量子涨落开始的。

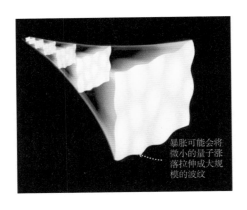

暴胀可能会将微小的量子涨落拉伸成大规模的波纹

图 5-12　暴胀期间量子波纹的拉伸

注：在暴胀期间，时空中的量子波纹可能会被拉伸 $10^{30}$ 倍。这些波纹的峰值会使密度增强，从而产生我们如今在宇宙中看到的所有结构。

## 均匀性：均衡温度和密度

宇宙微波背景异常均匀的现象，乍一看似乎很自然，但进一步思考后会发现该现象很难解释。想象你在天空的某个地方观测宇宙微波背景。你看到的是自原子核时期结束以来在宇宙中传播的微波，这意味着你看到的是近 140 亿年前宇宙的一个区域，当时宇宙只有 38 万年的历史。现在想象你转过身来，看看来自相反方向的宇宙微波背景。你看到的也是这个区域近 140 亿年前的样子，它的温度和密度看起来与第一次看的区域几乎是一样的。令人惊讶的是，这两个区域相距数十亿光年，位于我们可观测宇宙的相对两侧，但我们看到的是它们只有 38 万年历史时的样子，它们不可能交换光或其他任何信息，因为信号几乎不可能以光速从一个区域传播到另一个区域。那么它们怎么会有几乎相同的温度和密度呢？

暴胀假说回答了这个问题。该假说认为，即使这两个区域自暴胀以来没有任何联系，但在暴胀发生之前它们是有联系的。在暴胀开始之前，当宇宙年龄为 $10^{-38}$ 秒时，这两个区域之间的距离不到 $10^{-38}$ 光秒。因此，以光速传播的辐射有时间在这两个区域之间传播，这种能量的交换使它们的温度和密度达到均衡。然后，暴胀使这些均衡区域之间的距离拉大，使它们彼此之间无法产生联系。就像罪犯在被关进不同的牢房之前把他们的罪行讲清楚一样，这两个区域以及可观测宇宙的其他区域在暴胀将它们分开之前，温度和密度是相同的。

由于暴胀导致宇宙的不同区域在如此短的时间内分离得如此远，许多人怀疑这是否违反了爱因斯坦的理论，即任何物体的运动速度都不能超过光速。但这没有违反爱因斯坦的理论，因为实际上没有任何东西会因暴胀或宇宙的持续膨胀而在空间中移动。相反，宇宙的膨胀是空间本身的膨胀。天体可能会以比光速更大的速度彼此分离，但在此期间，任何物质或辐射都不能在它们之间传播。实质上，暴胀使曾经紧密相连的天体之间出现了巨大的空间鸿沟。天体之间的距离非常遥远，但没有任何东西能以超过光速的速度在它们之间传播。

## 几何结构：平衡宇宙

第三个问题是为什么宇宙的整体几何结构是平坦的。要回答这个问题，我们必须更详细地思考宇宙的整体几何结构。

回想一下，由爱因斯坦的广义相对论可知，物质的存在可以使时空弯曲。我们无法在时空的所有 4 个维度上直观地看到这种弯曲，但可以通过它对穿越宇宙的光的影响来探测它的存在。虽然宇宙的曲率会随地点变化而变化，但宇宙作为一个整体必然具有某种整体形状，几乎任何形状都有可能，但所有的可能性都可归结为 3 大类（见图 5-13）。通过与我们在三维空间中看到的物体进行类比，科学家将这 3 类形状称为平坦形、球形和马鞍形。

根据广义相对论，宇宙的整体几何形状取决于宇宙中物质和能量的平均密度。只有当物质和能量的综合密度恰好等于临界密度时，宇宙的整体几何形状才能是平坦形的；如果宇宙的平均密度小于临界密度，那么宇宙的整体几何形状是马鞍形的；如果宇宙的平均密度大于临界密度，那么它的整体几何形状就是球形的。

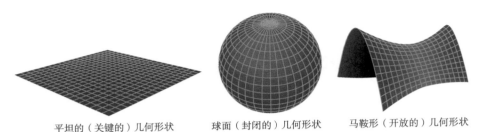

平坦的（关键的）几何形状　　球面（封闭的）几何形状　　马鞍形（开放的）几何形状

图 5-13　宇宙可能的 3 种整体几何形状

注：请记住，真实的宇宙在比我们所能看到的更多维度上具有这些形状。

暴胀可以解释为什么宇宙的整体几何形状非常接近平坦。根据爱因斯坦的理论，暴胀对时空曲率的影响类似于把气球吹起来时气球表面会变平（见图 5-14）。由暴胀引起的空间平坦化的影响范围很大，致使宇宙以前的任何可能曲率都只有在比可观测宇宙大得多的尺度上才会被察觉到。因此，暴胀使可观测宇宙看起来是平坦的，这意味着物质和能量的平均密度必须非常接近临界密度。

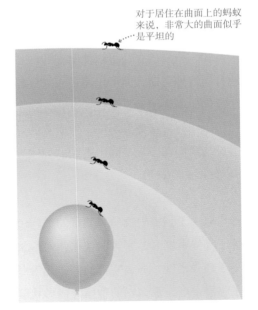

对于居住在曲面上的蚂蚁来说，非常大的曲面似乎是平坦的

图 5-14　膨胀后气球表面的蚂蚁

注：随着气球膨胀，气球的表面对于沿着它爬行的蚂蚁来说似乎越来越平。暴胀被认为以类似的方式使宇宙看起来是平坦的。

## 暴胀的证据

我们已了解到，暴胀可以很自然地回答关于宇宙的 3 个关键问题，但暴胀真的发生过吗？我们无法直接观测发生暴胀时的早期宇宙，但我们可以通过探索暴胀的预测与我们后来对宇宙的观测是否相一致，来验证暴胀的观点。科学家才刚刚开始进行检验暴胀方面的观测，但迄今为止的发现与暴胀的观点是一致的，即暴胀使宇宙均匀而平坦，同时为宇宙结构的形成埋下了种子。

迄今为止，对暴胀最有力的检验来自对宇宙微波背景的详细研究，特别是由威尔金森微波各向异性探测器和普朗克卫星绘制的天空图（见图 5-9）。请记住，这些图显示的是在原子核时期的末期与宇宙密度变化相对应的微小温度差异，当时宇宙大约有 38 万年的历史。暴胀假说预测，这些密度变化实际上是在更早的时候产生的，当时微小的量子波纹扩展到了更长的波长。因此，通过仔细观察微波背景中的温度变化，我们可以了解宇宙在很早时期的结构。

图 5-15 中的图显示，天空各区域之间的温度差异取决于它们在天球上的角大小。图中的圆点表示普朗克卫星和其他微波望远镜的观测数据，红色曲线表示与观测结果最拟合的基于暴胀的模型。请注意，模型预测与观测数据基本保持一致。此外，同一模型还对宇宙的其他特征做出了具体的预测，比如它的组成及年龄，这些也与观测结果非常吻合。

最重要的是，如果将所有因素考虑在内，暴胀在解释宇宙的特征方面非常成功，而这些特征是大爆炸理论所无法解释的。尽管许多细节仍不清楚，许多天文学家和物理学家认为，在早期宇宙中确实发生过类似暴胀的过程。如果能够成功了解这些细节，我们将面临令人惊喜的前景，即通过在可观测的最大尺度上研究宇宙，在对最小粒子的理解方面我们会取得突破性的进展。

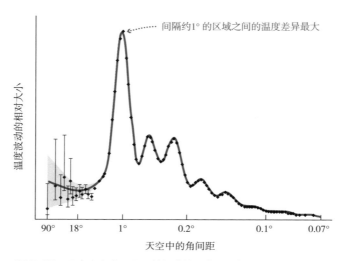

图 5-15　天空中宇宙不同区域温度波动的观测数据与暴胀模型预测
的比较

注：根据天空图，科学家可以测量天空不同区域之间的温度差异。这
张图显示，温度差异的典型大小取决于天空不同区域的角间距。图中
的数据点表示宇宙微波背景的实际测量值，而红色曲线是模型的预测
值，该模型基于暴胀描绘宇宙温度和密度的微小变化。请注意，观测
数据与模型预测基本保持一致，竖线表示数据点的不确定性范围。

## 要点回顾
The Cosmic Perspective Fundamentals >>>

- 早期的宇宙充满了辐射和基本粒子。宇宙的温度和密度都很高，因而辐射的能量可以变成物质和反物质的粒子，然后这些粒子相互碰撞，又变成辐射。

- 根据大爆炸理论，宇宙的历史可以划分为几个时期，每个时期都有其独特的物理条件。

- 通过微波望远镜，我们能够观测大爆炸遗留下来的宇宙微波背景。它的光谱与原子核时期末期所释放的辐射的预期特征相吻合，这证实了大爆炸理论的一个关键预测。

- 大爆炸理论预测了核合成时期质子与中子的比例，并据此预测出宇宙的化学成分按质量计应是 75% 的氢和 25% 的氦。这一预测与宇宙中元素丰度的观测结果相吻合，这为支持大爆炸理论提供了另一个证据。

- 我们可以检验暴胀的观点，因为它对我们在宇宙微波背景中观察到的模式做出了具体的预测，而且微波望远镜迄今为止的观测结果与这些预测相吻合。

# 06

## 什么是暗物质与暗能量

## 妙趣横生的宇宙学课堂

· 我们是如何发现暗物质的?

· 暗物质里究竟有什么?

· 暗物质如何助力星系的诞生?

· 宇宙会永远膨胀下去吗?

· 暗能量存在的证据是什么?

The Cosmic Perspective Fundamentals >>>

　　章首页背景图显示的是两个星系团正在经历一场巨大的碰撞。图中数量较多的黄色和白色天体均为单个的星系，但它们只占星系团总质量的一小部分，星系团更多的质量包含在炽热的气体中，这些气体发射出的 X 射线在这张图上用红色表示。但是星系团的大部分质量似乎是由完全看不见的暗物质组成的，图中蓝色区域表示暗物质所在的位置，暗物质的位置是根据对其引力效应进行观测得到的。

　　本章内容，将探讨暗物质和更神秘的暗能量存在的证据，暗能量在大尺度上会超越暗物质的引力，并导致宇宙加速膨胀。我们将看到，暗物质与暗能量对于理解宇宙过去的演化和未来的命运都至关重要。

# Q1　我们是如何发现暗物质的？

　　宇宙是由什么组成的？你可能认为这对天文学家来说是个很简单的问题，但基于目前现有的证据，答案是"我们还不知道"。

　　我们仍然不知道宇宙的主要成分，这似乎令人难以置信，而且你可能会想，为什么我们会一无所知呢？毕竟，天文学家可以通过光谱，测量遥远恒星和星系的化学成分，因此我们知道恒星和气体云几乎完全是由氢和氦组成的，其中还混杂着少量的重元素。但是请注意这里的关键词是"化学成分"。当提到化学成分时，我们谈论的是由氢、氦、碳和铁等元素的原子所构成的物质的组成成分。

虽然我们熟悉的所有物体，包括人类、行星和恒星，确实都是由原子构成的，但整个宇宙可能并非如此。事实上，我们现在有充分的理由认为，宇宙的主要组成成分并不是原子。相反，观测表明，宇宙主要是由一种被称为暗物质的神秘质量形式和一种被称为暗能量的神秘能量形式组成的。我们先重点讨论暗物质。

假设星系和星系团是由其恒星和气体的综合引力结合在一起形成的，这似乎很自然。然而，仔细观测发现，恒星和气体加在一起的质量太小，无法提供所需的引力，换句话说，除了恒星和气体中的质量，一定还存在大量的质量。因为我们从这种质量的物质中没有观测到任何波长的光，所以我们称它为暗物质。暗物质存在的证据既源自我们的银河系，也源自其他星系。

## 银河系中的暗物质

回想一下，牛顿万有引力定律决定了天体之间相互环绕的速度，由此我们可以测量轨道系统的质量。就银河系而言，我们可以利用太阳的轨道速度以及它与银河系中心的距离来测定太阳轨道内的质量（见图 6-1）。同样，我们可以利用任何其他恒星或气体云

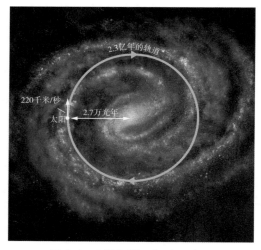

图 6-1　太阳绕银河系运行示意图

注：太阳在距离银河系中心 2.7 万光年的地方以 220 千米／秒的速度绕银河系运行。根据轨道测量的数据，我们确定银河系在太阳轨道内那部分的质量约为 $2 \times 10^{41}$ 千克，相当于太阳质量的 1 000 亿倍。

的轨道运动来测定该恒星或气体云轨道内星系的质量。由于星际尘埃遮挡了我们的视线，我们无法观测到银河系圆盘中的大部分恒星，因此我们对银河系运动的测量大多是基于对氢原子气体云的观测，这些气体云发射的射电波可以穿透星际尘埃。

我们可以利用描绘银河系中天体的轨道速度与其轨道距离之间关系的图来总结轨道速度的测量结果，这种图有时也称为旋转曲线。这种图的一个简单示例是旋转木马的旋转速度图，旋转木马上的每个物体绕中心旋转一周的时间是相同的，但离中心越远的物体所转的圆圈越大，所以它们的速度就越大。因此，旋转木马的旋转曲线是一条随着距离加大而稳定上升的直线（见图 6-2a）。

与此相反，太阳系的轨道速度随着与太阳距离的加大而减小（见图 6-2b）。这种速度随距离加大而下降的现象之所以出现，是因为太阳系几乎所有的质量都集中在太阳上。因此，使行星保持在其轨道上运行的引力随着与太阳距离的加大而减小，引力越小意味着轨道速度越小。同样，在质量集中于中心的任何其他天文系统中，轨道速度也必然随着距离的加大而减小。

图 6-2c 显示，在银河系中，轨道速度是随着距离变化而变化的。每个圆点表示特定恒星或气体云的轨道速度以及距银河系中心的距离，而连接这些圆点的曲线表示与数据的最佳拟合。请注意，当与银河系中心的距离大于几万光年时，轨道速度基本保持不变，因此大部分曲线是相对平缓的。由于这条曲线与太阳系的下降旋转曲线极其不同，所以我们得出结论，银河系的大部分质量并没有集中在中心。相反，与中心的距离越远，气体云的轨道所包含的质量就越大。太阳所在的银河系轨道内部包含了大约 1 000 亿个太阳质量，而 2 倍大的轨道内部包含着两倍的质量，轨道越大，内部包含的质量就越大。

总而言之，银河系的轨道速度意味着银河系的大部分质量远在太阳的轨道之外。更详细的分析表明，这些质量中的大部分分布在环绕银河系圆盘的球形晕中，而且总质量是圆盘中所有恒星总质量的 10 倍以上。换句话说，有证据表明，银河系圆盘发光的部分就像冰山的一角，是一团更大的看不见的暗物质的中心（见图 6-3）。

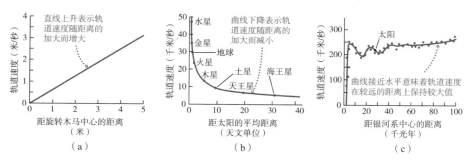

图 6-2　星系的轨道速度取决于星系与其中心的距离

注：图（a），旋转木马的旋转曲线是一条上升的直线。图（b），太阳系行星的旋转曲线。图（c），银河系的旋转曲线。图中的圆点表示恒星或气体云的实际数据点。

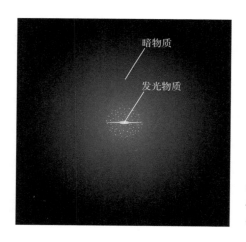

图 6-3　银河系发光物质和暗物质体积的对比

注：银河系的暗物质所占的体积要比发光物质大得多。图中暗物质晕的半径可能是银河系恒星晕的半径的 10 倍。

## 其他星系中的暗物质

不只是银河系，其他星系似乎也含有大量的暗物质。我们可以通过比较星系的质量与光度，确定星系中暗物质的含量。这个过程从原则上来说很简单。首先，我们通过星系的光度估算该星系以恒星形式所包含的质量。其次，应用万有引力定律对恒星和气体云的轨道速度进行观测，从而确定星系的总质量。如果星系的总质量大于其恒星的质量，那么我们推断，超出的质量一定来自暗物质。

要想测量星系的总质量就需要测量尽可能远离星系中心的轨道速度。对于旋涡星系而言，我们可以探测比恒星离星系中心远得多的氢原子气体云，然后运用多普勒频移测定这些气体云向我们靠近或远离的速度，由此获得大部分数据。然后，我们运用这些气体云的轨道速度以及它们距星系中心的距离来确定这些轨道内的质量。图 6-4 显示的是轨道速度与距离关系的几个实例。该图说明，像银河系一样，大多数其他旋涡星系的轨道速度即使在离中心很远的地方也保持很高。通过详细的分析我们得知，大多数旋涡星系的暗物质的质量至少是恒星的 10 倍，而且这些质量中的大部分都在它们遥远的晕中。

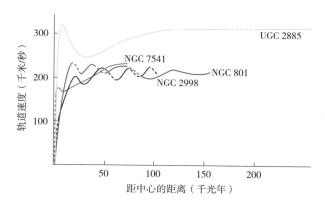

图 6-4  4 个旋涡星系的轨道速度与距中心的距离的关系图

注：在每个星系中，轨道速度在距星系中心距离很宽泛的一个范围内几乎保持不变，这表明暗物质在旋涡星系中很常见。

椭圆星系含有极少的氢原子气体，所以我们一般通过观测椭圆星系恒星的运动测量其质量。在比较椭圆星系不同区域光谱线的多普勒频移时，我们发现，在距星系中心很远的地方，恒星的轨道速度大体上保持不变。就像在旋涡星系中一样，我们得出结论，椭圆星系中的大多数物质一定位于光消失的距离以外，因此一定是暗物质。球状星团中暗物质存在的证据甚至更有说服力，因为我们可以测量球状星团在距椭圆星系中心很远的轨道上运行的速度。这些测量结果表明，椭圆星系和旋涡星系一样，所含的暗物质的质量是恒星的 10 倍或更多。

## 星系团中的暗物质

为了进一步了解暗物质在宇宙中的分布，天文学家除在对单个星系研究之外，也对星系团中的暗物质进行观察。观测表明，星系团中暗物质的总比例甚至比单个星系中暗物质所占比例还要大。星系团中暗物质存在的证据源于测量星系团质量的 3 种不同的方法：利用绕星系团中心运行的星系的速度、测量星系团中星系之间热气体的温度、观测星系团如何像引力透镜一样使光线弯曲。

第一种方法类似于我们已讨论过的测量单个星系运行速度的方法。我们通过光谱线的多普勒频移测量星系在星系团内绕轨道运行的速度。然后，我们将这些数据与星系距星系团中心的距离结合起来，计算出星系团所包含的质量。

第二种方法基于这样一个事实，即星系团通常包含大量非常热的、发射 X 射线的气体（见图 6-5）。我们可以通过 X 射线光谱测量这种气体的温度，并通过气体的温度了解暗物质的情况，因为暗物质是否存在取决于星系团的总质量。大多数星系团中的气体几乎处于引力平衡状态，也就是说，向外的气体压力与引力向内的拉力相平衡。

在这种平衡状态下，气体粒子的平均动能主要取决于引力的强度，因此也取决于星团内的质量。因为气体的温度反映了气体粒子的平均动能，因此通过气体的温度可知气体粒子的平均速度，然后我们可以利用气体粒子的平均速度来确定星系团的总质量。运用该方法得到的质量测量结果与通过研究星系团中星系的轨道运动所得到的结果一致。

第三种方法基于爱因斯坦的广义相对论。根据爱因斯坦的广义相对论，质量使时空弯曲，时空即宇宙的"结构"。因此，大质量的天体可以充当引力透镜，使经过它们的光束发生弯曲。由于引力透镜造成的光弯曲角度取决于该天体的质量，因此我们可以通过观测天体对光路的弯曲程度测量天体的质量。

图 6-5　在可见光和 X 射线下的遥远星系团

注：哈勃空间望远镜拍摄的这张可见光照片显示的是各个星系。蓝紫色的叠加图（出自钱德拉 X 射线天文台）表示星系团中极热气体发出的 X 射线辐射的不同水平。暗物质存在的证据既来自观测到的可见星系的运动，也来自热气体的温度。图中所示区域的直径约为 800 万光年。

图 6-6 是星系团可以充当引力透镜的一个典型范例。请注意，在中央黄色星系团周围的多个位置上可以看到蓝色的椭圆。这些椭圆代表的是一个蓝色星系的引力透镜图像，这个蓝色星系几乎就在黄色星系团中心的正后方，但距离要远得多。

我们之所以看到了多个蓝色星系的图像，是因为来自更遥远星系的光子并不沿着直线路径到达地球。相反，黄色星系团的引力使光子的路径弯曲，从而使来自蓝色星系的光从几个略微不同的方向到达地球（见图 6-7）。每条路径都会产生一个单独的、扭曲的蓝色星系图像。

图 6-6  这张哈勃空间望远镜拍摄的照片显示的是充当引力透镜的某个星系团

注：黄色椭圆星系是星系团的成员。4 个蓝色的小椭圆（箭头所示）是一个星系的多个图像，该星系几乎就在星系团中心的正后方。图中所示区域的直径约 140 万光年。

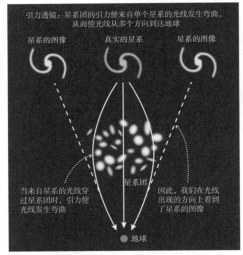

图 6-7  星系团引力透镜效果的示意图

注：星系团强大的引力使从背景星系到地球的光路发生弯曲。如果光从几个不同的方向到达地球，我们就会看到同一个星系的多个图像。此图未按实际比例绘制。

星系受引力透镜影响产生多个图像的情况很罕见。只有当遥远的星系位于充当引力透镜的星系团的正后方时，星系才会出现多个图像。然而，星系受引力透镜影响产生单一扭曲图像的情况却相当普遍。图 6-8 就是一个典型的示例，这张照片展示的是许多看起来正常的星系和几个弧形的星系。这些奇怪的弧形星系并不是星系团的成员，也不是真正呈弧形。相反，每个星系都是远在星系团之外的正常星系，它们的图像被星系团的引力扭曲了。

**图 6-8 星系团阿贝尔 383 的照片**

注：这些细长的星系是背景星系被星系团引力扭曲了的图像。通过测量这些弯曲，天文学家可以确定星系团的总质量。照片中区域的直径约为 100 万光年。

资料来源：该照片由哈勃空间望远镜拍摄。

仔细分析这些图像，我们就可以测量出这些星系团的质量必须多大才能产生所观测到的扭曲现象。令人欣慰的是，用这种方法得出的星系团的质量与利用星系轨道速度和 X 射线温度得出的质量大体一致。这 3 种方法都表明，星系团含有大量的暗物质，其质量相当于星系团中恒星总质量的 40 倍以上。

## 暗物质的替代物

尽管目前我们对暗物质还知之甚少，但天文学家已提出了强有力的证据来证明暗物质的存在。所有证据都依赖于我们对引力的理解。首先，对于单个星系来说，暗物质存在的证据主要是基于牛顿运动定律和万有引力定律来计算恒星和气体云的轨道速度。其次，我们运用同样的定律来证明星系团中暗物质的存在。此外，根据爱因斯坦的广义相对论所预测的引力透镜也可以作为额外的证据。但也正是因为我们尚无法直接对暗物质进行观测，那么对于我们所讨论的结果，是否还可能有完全不同的解释呢？下列情况之一似乎一定是真实的：

· 暗物质确实存在，我们正在观测它的引力效应。
· 我们对引力的理解有偏差，导致我们错误地推断出暗物质的存在。

我们不能完全排除第二种情况的可能性，但大多数天文学家认为这种可能性很小。牛顿运动定律和万有引力定律是科学界最值得信赖的工具之一，事实证明，它们对太阳系及双星系统的轨道运动做出了极其精确的预测。因此，我们不断运用这些定律，并根据天体的轨道性质来测量天体的质量。它们揭示了恒星质量与其外观之间的一般关系，并使我们了解了许多无法直接观测到的信息，例如 X 射线双星中绕轨道运行的中子星的质量，以及活动星系核中黑洞的质量。爱因斯坦的广义相对论同样有着坚实的基础，在许多观测和实验中得到了反复的高精度验证。因此，我们有充分的理由相信，我们目前对引力的理解是正确的。虽然我们始终认为这种理解未来可能会改变，但本章将基于暗物质确实存在的假设继续探讨。

## Q2　暗物质里究竟有什么？

我们有强有力的证据证明暗物质确实存在，但我们看不见也摸不着的暗物质究竟是什么呢？有两种基本的可能性：（1）它可能是由普通物质构成的，也就是由我们熟悉的质子、中子和电子构成的，但它非常暗，我们用现有技术无法探测到；（2）它可能是由奇异的物质构成的，也就是其粒子类型不同于普通原子中的粒子类型，它之所以暗，是因为它根本不与光相互作用。

区分这两种可能性的第一步是测量它的物质总量。天文学家通常关注的不是总质量，而是宇宙中每种形式的物质和能量的平均密度，用临界密度的百分比表示，临界密度指使宇宙的几何形状呈平坦状所需的质能密度。我们对星系和星系团的观测结果表明，以所有恒星中的物质总量计算的密度仅为临界密度的 0.5% 左右，而以物质总量计算的密度为临界密度的 30% 左右（很显然，我们将大量的暗物质计算在内了）。

## 普通物质：推测不成立

对于天文学家的第一种猜测，所有这些暗物质会不会只是某种难以观测到的普通物质呢？这听起来似乎有一些道理。毕竟，并不一定只有奇异物质才是暗的。天文学家认为，只要物质太暗，我们在银河系的光晕中或更远的地方看不到它，它就是"暗的"。你的身体是暗物质，因为如果你被抛入银河系的光晕中，望远镜就无法探测到你。行星、被称为褐矮星的"失败的恒星"，甚至一些暗红色的主序星可能也是暗物质，因为它们太暗了，目前的望远镜无法在光晕中看到它们。

然而，根据大爆炸模型进行的计算使科学家认为，宇宙中普通物质的总量是有限的。回想一下，在核合成时期，质子和中子首先聚变成氘核，即由 1 个质子和 1 个中子组成的原子核，然后氘核聚变成氦。宇宙中仍然存在一些氘的事实表明，这一过程在所有氘耗尽之前就停止了。因此，由如今宇宙中氘的含量可知核合成时期质子和中子（普通物质）的密度。密度越高，聚变的效率就越高。由此可知，早期宇宙的密度越高，如今宇宙中遗留的氘就越少，而密度越低，遗留的氘就越多。

　　基于观测到的氦丰度的计算表明，宇宙中普通物质的总密度约为临界密度的 5%（见图 6-9）。对宇宙微波背景的温度模式进行的详细研究也得出了同样的结果。因为这 5% 太小了，不足以构成暗物质临界密度的 25%（普通物质加暗物质约为临界密度的 30%），所以我们得出结论，大多数暗物质不可能由普通物质构成。

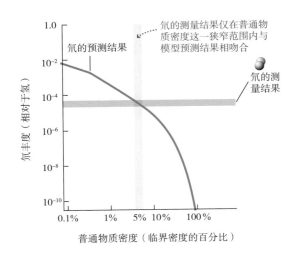

**图 6-9　宇宙中氦丰度与普通物质密度的关系**

注：这张图显示，通过测量氦丰度，我们可以得出普通物质的密度约为临界密度的 5% 这一结论。水平带显示的是氦丰度的测量结果，曲线显示的是基于大爆炸理论对氦丰度的预测结果，以及该预测结果如何取决于宇宙中普通物质的密度。请注意，预测结果只在表示密度为临界密度 5% 的灰色垂直条中与测量结果相吻合。

## 奇异物质：主流假说

　　既然排除了暗物质是由普通物质构成的可能性，那么我们只剩下这个假设了，即暗物质是由奇异粒子构成的，而且很可能是由一种尚未被发现的奇异粒子构成的。我们现在来探讨这一可能性。我们再看看在太阳核聚变中首次遇到的一种奇异粒子：中微子。中微子本质上是暗的，因为它们不带电荷，不能发射任何形式的电磁辐射。此外，它们从来不会像中子被束缚在原子核中那样与带电粒子结合在一起，因此伴随的发光粒子并不能揭示它们的存在。事实上，中微子只通过 4 种力中的两种与其他形式的物质相互作用：引力和弱力。由于这个原因，中微子被认为是弱相互作用粒子。

星系中的暗物质不可能由中微子构成，因为这些质量极低的粒子以极大的速度在宇宙中传播，它们可以很轻易地逃脱星系的引力。但是否存在与中微子类似但比中微子要重得多的其他弱相互作用粒子呢？它们也无法直接被探测到，但运动速度会更小，这意味着它们的相互引力可以将其大量聚集在一起。这种假想的粒子被称为弱相互作用大质量粒子（Weakly Interacting Massive Particles，WIMPs）。请注意，它们是亚原子粒子，所以它们名称中的"大质量"是相对的，它们只有与中微子这样的轻粒子相比才能称为大质量。这种粒子可以构成星系或星系团的大部分质量，但它们在所有波长的光下都是完全不可见的。大多数天文学家如今认为，弱相互作用大质量粒子很可能构成了暗物质的主体，因此也构成了宇宙中绝大部分物质的主体。

## 寻找暗物质粒子

弱相互作用大质量粒子存在的理由似乎相当充分，但证据仍是间接证据。直接探测粒子会更有说服力，于是物理学家目前正在用两种不同的方法搜寻这些粒子。第一种也是最直接的方法是利用可以俘获弱相互作用大质量粒子的探测器。由于这些粒子之间的相互作用非常微弱，所以搜寻它们需要在地下深处建造非常灵敏的大型探测器，在地下它们可以不受来自太空的其他粒子的影响。截至 2018 年，这些探测器已捕获到了一些诱人的信号，但迄今为止还没有明确的证据表明暗物质粒子确实存在。

科学家目前搜寻暗物质粒子的第二种方法是利用粒子加速器，特别是利用大型强子对撞机。截至 2018 年，所发现的粒子都不具备弱相互作用大质量粒子的特征，但搜寻工作仍在继续。

## Q3　暗物质如何助力星系的诞生？

尽管当下暗物质的性质仍然是个谜，但我们正在迅速了解它在宇宙中发挥的作用。在大爆炸后的最初几百万年里，宇宙到处都在膨胀。然而，宇宙的密度并不是完全均匀的；回想一下，我们在宇宙微波背景中观测到的温度模式显示，物质的密度在不同的地方略有不同。

随着时间的推移，引力将物质吸引到密度较高的区域，而远离密度较低的区域，这使得密度差异更大。渐渐地，在密度增强的区域，更强的引力使这些区域停止膨胀，这些区域随后收缩形成了原星系云，即使宇宙作为一个整体在继续（并且仍在继续）膨胀。而暗物质似乎是星系和星系团中引力的主要来源，如果没有暗物质，在星系形成之前，宇宙膨胀就会使宇宙中的所有物质分散开来。

## 星系和星系团的形成

天文学家认为，暗物质的引力是最初形成星系和星系团等结构的因素，它完成了星系形成过程。在密度增强区域周围形成的原星系云，既包含由大爆炸产生的氢气和氦气组成的普通物质，也包含暗物质。普通气体粒子之间发生碰撞，将它们的一些轨道能量转化为辐射能量，辐射能量以光子的形式逃离云团。这样的轨道能量流失使气体粒子落向云团中心，在那里形成了一个旋转的圆盘。相比之下，由弱相互作用大质量粒子构成的暗物质不能产生光子，也很少与其他粒子相互作用或交换能量。因此，这些暗物质粒子仍然停留在遥远的星系晕轨道上。这与观测结果一致，表明大多数暗物质位于远离星系中心的地方。

星系团可能也是这样形成的。在早期，所有最终构成星系团的星系都随着宇宙的膨胀而分散开了，但星系团的总体引力最终逆转了这些星系的轨迹。星系团的引力大部分与暗物质有关，这些星系最终向内坍缩形成了星系团。在更大的尺度上，星系团本身似乎也在相互拉扯，这暗示着甚至更大的结构，即所说的超星系团，可能仍处于早期形成阶段（见图 6-10）。

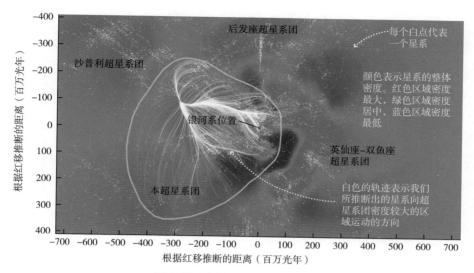

图 6-10　在超星系团中星系的移动

注：这张图显示的是星系是如何在本超星系团内移动的，即如何在橙色线内的区域移动的。白点代表各个星系的位置，它们与银河系的距离是根据哈勃定律推断出来的。星系沿着白线向超星系团中密度较大的区域移动，这是将观测与建模相结合而推断出来的。

## 大尺度结构

借助对暗物质的推测，天文学家尝试进一步挖掘宇宙膨胀、星系形成背后的秘密，以及宇宙诞生至今发生的变化。而在过去的几十年里，天文学家测量了数百万个星系的红移。这些红移可以通过哈勃定律转换为距离，这样天文学家就可以绘制出星系在宇宙空间中分布的三维地图了。

这样的地图说明，宇宙中存在着比星系团或超星系团大得多的大尺度结构，就像是无数个气泡密密麻麻地重叠在一起，而气泡内部空空荡荡，几乎没有什么星系物质，如同一个大洞，相邻气泡与气泡重叠的"膜"则密集地分布着大量星系。

图 6-11 展示了星系在宇宙的 3 个剖面中的分布情况，每一个剖面都比前

一个在距离上延伸得更远。银河系位于最左侧的顶点，每个点代表一个星系。左侧的剖面出自20世纪80年代对大尺度结构的首次调查之一。这张地图显示，星系并不是随机地散布在宇宙空间中，而是排列成巨大的链状和片状，它们的跨度达数百万光年。星系团位于这些链的交汇处。在这些星系链和星系片之间存在着巨大的虚无区域，称为巨洞。

另外两个剖面显示的是斯隆数字巡天项目最近测量的数据，该项目测量了分布在大约 1/4 天空中的 100 多万个星系的红移。这些照片中的有些结构大得惊人，在中间的剖面中可以清晰地看到所谓的斯隆长城，它从一端到另一端的延伸长度超过了 10 亿光年。

在这些非常大的尺度上，宇宙可能仍在不断增长。然而，最大结构的尺度似乎是有限制的。如果你仔细观察图 6-11 中最右侧的楔形图，你会注意到，在大于 10 亿光年的尺度上，星系的分布总体是均匀的。换句话说，在非常大的尺度上，宇宙看起来到处都是一样的，这与我们基于宇宙学原理预测的一致。

为什么在如此巨大的尺度上引力还会吸引物质呢？正如我们认为星系是由早期宇宙中密度略微增强的区域形成的一样，我们也认为，这些大型结构是由密度增强的区域形成的。星系、星系团、超星系团和斯隆长城可能都起源于大小不同的轻微高密度区域，星系分布中的巨洞可能起源于轻微低密度区域。

如果关于结构形成的这种构想是正确的，那么我们在如今宇宙中看到的结构就反映了暗物质在很早以前的分布情况。宇宙结构形成的超级计算机模型目前可以模拟星系、星系团和更大结构的发展过程，这些结构随着宇宙演化从微小密度增强区域中发展起来（见图 6-12）。这些模型的结果看起来与图 6-11 中宇宙的楔形图非常相似，这使我们相信这些模型预测的方向是正确的。此外，质量分布模式与宇宙微波背景图中显示的密度增强模式一致。总的来说，对于星系和更大的结构如何从早期宇宙的轻微密度增强区域中发展而来这个问题，我们如今似乎有了基本的了解（见图 6-13）。

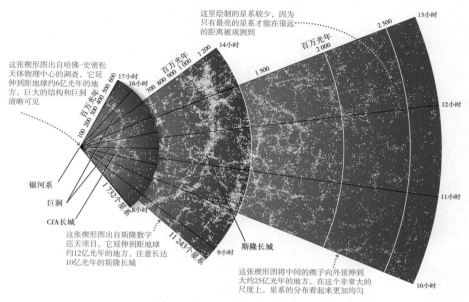

这里绘制的星系较少，因为
只有最亮的星系才能在很远
的距离被观测到

这张楔形图出自哈佛-史密松
天体物理中心的调查，它延
伸到距地球约6亿光年的地
方。巨大的结构和巨洞
清晰可见

银河系

巨洞

CfA长城

这张楔形图出自斯隆数字
巡天项目，它延伸到距地球
约12亿光年的地方。注意长达
10亿光年的斯隆长城

斯隆长城

这张楔形图将中间的楔子从外延伸到
大约25亿光年的地方。在这个非常大的
尺度上，星系的分布看起来更加均匀

图 6-11　巨大的宇宙楔形图

注：这3张楔形图中的每一张显示的都是从银河系向外延伸的宇宙的一个剖面。图中的圆点代表星
系，显示的是它们与地球的测量距离。我们可以看到，星系的轨迹是长长的链状和片状，周围是巨
洞，里面只有很少的星系。这些楔形图是以平面显示的，但实际上它们有几个角度的厚度；左侧出
自哈佛－史密松天体物理中心的楔形图实际上并不与两个斯隆楔形图完全对齐。

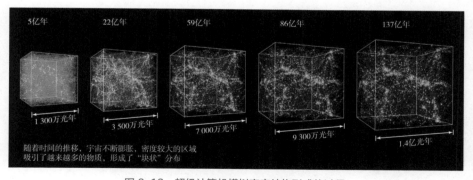

随着时间的推移，宇宙不断膨胀，密度较大的区域
吸引了越来越多的物质，形成了"块状"分布

图 6-12　超级计算机模拟宇宙结构形成的过程

注：这5个小图描绘了一个立方体区域的发展过程，如今这个区域的宽度为1.4亿光年。立方体区
域上方标注着宇宙的年龄，下方标注着立方体区域随着时间推移扩展到的宽度。请注意，当宇宙年
轻时，物质的分布只是轻微的块状（左侧图）。随着时间的推移，最密集的团块吸引了越来越多的
物质，结构就越来越明显了。这5个小图显示的画面并非实际比例。

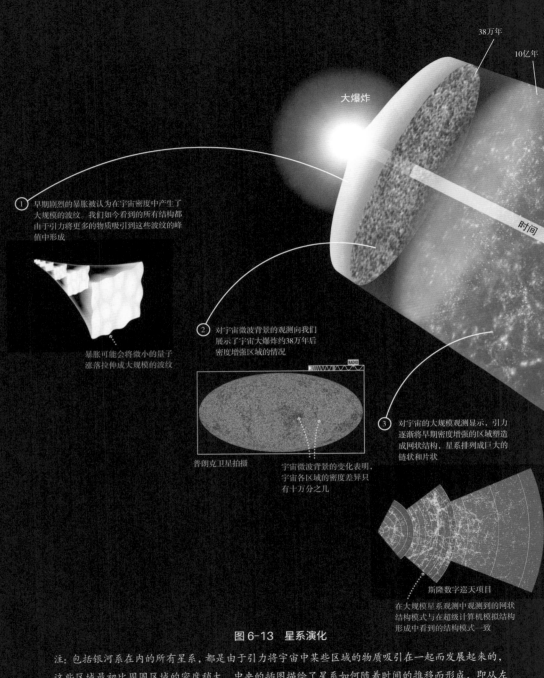

大爆炸

38万年

10亿年

时间

① 早期剧烈的暴胀被认为在宇宙密度中产生了大规模的波纹。我们如今看到的所有结构都由于引力将更多的物质吸引到这些波纹的峰值中形成

暴胀可能会将微小的量子涨落拉伸成大规模的波纹

② 对宇宙微波背景的观测向我们展示了宇宙大爆炸约38万年后密度增强区域的情况

普朗克卫星拍摄

宇宙微波背景的变化表明，宇宙各区域的密度差异只有十万分之几

③ 对宇宙的大规模观测显示，引力逐渐将早期密度增强的区域塑造成网状结构，星系排列成巨大的链状和片状

斯隆数字巡天项目

在大规模星系观测中观测到的网状结构模式与在超级计算机模拟结构形成中看到的结构模式一致

**图 6-13 星系演化**

注：包括银河系在内的所有星系，都是由于引力将宇宙中某些区域的物质吸引在一起而发展起来的，这些区域最初比周围区域的密度稍大。中央的插图描绘了星系如何随着时间的推移而形成，即从左上方的大爆炸开始一直到右下方的今天，在宇宙空间依据哈勃定律不断膨胀的过程中，星系是如何形成的。

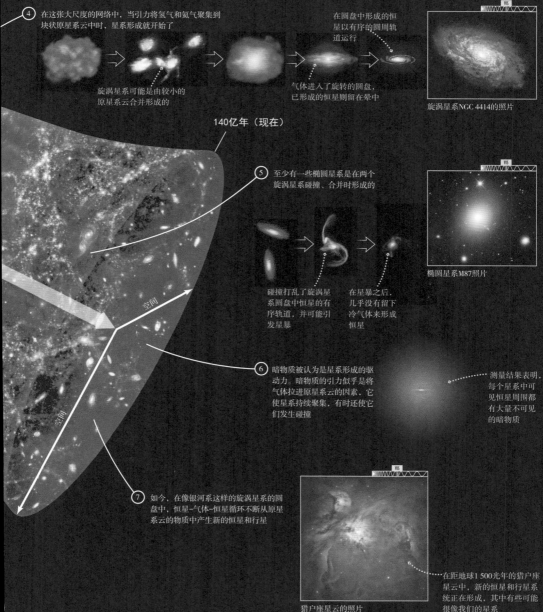

④ 在这张大尺度的网络中，当引力将氢气和氦气聚集到块状原星系云中时，星系形成就开始了

在圆盘中形成的恒星以有序的圆周轨道运行

旋涡星系可能是由较小的原星系云合并形成的

气体进入了旋转的圆盘，已形成的恒星则留在晕中

旋涡星系NGC 4414的照片

140亿年（现在）

⑤ 至少有一些椭圆星系是在两个旋涡星系碰撞、合并时形成的

空间

碰撞打乱了旋涡星系圆盘中恒星的有序轨道，并可能引发星暴

在星暴之后，几乎没有留下冷气体来形成恒星

椭圆星系M87照片

⑥ 暗物质被认为是星系形成的驱动力。暗物质的引力似乎是将气体拉进原星系云的因素，它使星系持续聚集，有时还使它们发生碰撞

测量结果表明，每个星系中可见恒星周围都有大量不可见的暗物质

空间

⑦ 如今，在像银河系这样的旋涡星系的圆盘中，恒星-气体-恒星循环不断从原星系云的物质中产生新的恒星和行星

在距地球1 500光年的猎户座星云中，新的恒星和行星系统正在形成，其中有些可能很像我们的星系

猎户座星云的照片

# Q4　宇宙会永远膨胀下去吗?

　　我们已看到, 引力已使像星系团这样大的区域不再膨胀, 并使其膨胀趋势发生了逆转, 而且似乎也使像超星系团这样大的结构膨胀速度减缓。那么, 引力是否会强大到总有一天使宇宙停止膨胀, 并使其在灾难性的"大挤压"中坍缩吗? 现在是时候基于现代天文学思考宇宙的最终命运了。

　　如果我们因存在普通物质和暗物质而只考虑引力的话, 宇宙在膨胀这一事实似乎表明, 宇宙只有两种可能的命运: 如果引力足够强, 膨胀总有一天会停止并发生逆转; 如果引力的总强度太弱, 膨胀就会永远持续下去, 尽管引力会随着时间的推移使膨胀速度减缓。然而, 令天文学家惊讶的是, 近 20 年的观测显示, 膨胀并没有减缓, 而是随着时间的推移在加速。正是这种加速使天文学家得出结论, 我们遇到了比暗物质更神秘的东西, 有迹象表明, 一种神秘的暗能量正在导致宇宙加速膨胀, 这意味着宇宙中一定存在着某种与引力抗衡的斥力, 这种排斥力的来源还不清楚, 但科学家给它起了个名字: 暗能量。

## 4 种膨胀模型

　　要理解天文学家为什么会得出膨胀在加速这一结论, 让我们根据以下 4 种通用模型（见图 6-14）, 思考不同的引力和斥力是如何导致膨胀速度随时间变化而变化的:

· 重新坍缩的宇宙。在引力极强且没有斥力的情况下, 膨胀会随着时间的推移而不断减缓, 最终完全停止, 然后发生逆转。星系会重新碰撞到一起, 宇宙将在一场激烈的"大挤压"中结束。我们称之为宇宙重新坍缩, 因为随着所有物质坍缩在一起, 宇宙最终的状态看起来很像其在大爆炸中诞生时的状态。
· 临界宇宙。在没有斥力的情况下, 引力的强度不足以使膨胀发生逆转, 膨胀速度将不断减缓, 但宇宙永远不会坍缩, 而且随着时间的推移, 膨胀会越来越慢, 我们称之为临界宇宙。因为计算表明, 如果宇宙的总密度是临界密度,而且该密度中只包含物质而不包含暗能量，那么这就是我们所期望的。

· 以目前速度膨胀的宇宙。在引力很弱且没有斥力的情况下，星系总是会以现今的速度移动开。我们称之为以目前速度膨胀的宇宙，因为如果没有作用力来改变膨胀速度，星系就会一直这样，就如同在太空中飞行的宇宙飞船，如果没有作用力使其减速或加速，它就会以恒定的速度在太空滑行。

· 加速膨胀的宇宙。在斥力强到足以超过引力的情况下，膨胀会随着时间的推移而加速，导致星系以越来越快的速度相互远离。

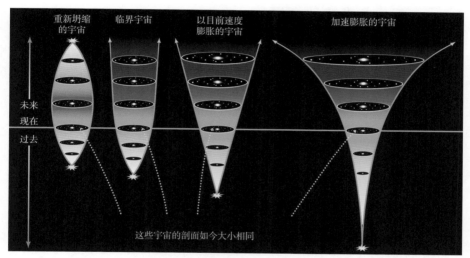

图 6-14　宇宙膨胀率原则上如何随时间而变化的 4 种通用模型

注：每张图展示的都是在特定模型中，宇宙圆形剖面的大小如何随时间而变化。这些剖面如今大小相同，图中用红色线条标示，但这些模型对宇宙剖面在过去和未来的尺度做出了不同的判断和预测。

## 宇宙的命运

目前的证据表明，加速膨胀的宇宙模型相比于其他模型，与数据的拟合度最高。此外，对宇宙中现存的已知物质（无论是普通物质还是暗物质）进行的分析表明，这些物质加起来只有临界密度的 30% 左右。换句话说，即使没有斥力，宇宙中似乎也没有足够的物质可以使引力阻止宇宙膨胀。膨胀似乎在加速，这一事实只会强化宇宙将永远膨胀下去的论点。

因此，宇宙的最终命运似乎是永远膨胀，最终所有的恒星都会燃烧殆尽，这样所有的存在都会变得越来越冷，越来越暗。但在你认真思考这样的命运之前，请记住，"永远"是一段很长的时间。只是在过去的一个世纪里，我们才了解到我们生活在不断膨胀的宇宙中，只是在过去的几十年里，我们才了解到膨胀正在加速。似乎不难想象，我们在未来还会有其他惊人的发现，这些发现可能会让我们重新思考从现在到宇宙末日可能会发生什么。

# Q5　暗能量存在的证据是什么？

在证明暗物质存在的过程中，天文学家们建立了几条强有力的证据，且这些证据都是基于我们通过牛顿定律或爱因斯坦广义相对论对引力的充分理解；与之不同的是，暗能量存在的证据更多是旁证，但随着时间的推移，这些证据也在逐年增强。

支持暗能量存在的证据主要有两条：宇宙的加速膨胀以及宇宙的平坦度。下面我们详细地逐条探讨这两条证据。

暗能量是否存在是基于对遥远的白矮星超新星的观测。通过观测，我们能够以一种全新的方式探索宇宙的命运。回想一下，白矮星超新星是极好的标准烛光，我们可以通过它测量非常遥远的星系的距离。因此，通过对白矮星超新星的观测，我们可以了解宇宙的膨胀速度在很长一段时间内是如何变化的。20世纪90年代，天文学家开始寻找并测量白矮星超新星，他们希望了解随着时间的推移，引力使宇宙膨胀减缓的速度。然而令他们惊讶的是，他们发现膨胀并没有减缓，而是在加速。

## 加速膨胀

暗能量存在的第一条关键证据是表明宇宙在加速膨胀的观测结果。毕竟，天文学家提出存在暗能量是为了解释与引力抗衡的斥力的来源，所以如果膨胀没有加速，就没有必要提出存在暗能量了。图 6-15 显示的是使天文学家支持加速膨胀的宇宙模型的证据，图中的 4 条实线曲线是 4 种通用模型（与图 6-14 所示的模型相同）对星系之间的平均距离随时间而变化的情况的预测。加速膨胀的宇宙、以目前速度膨胀的宇宙和临界宇宙的曲线总是随着时间推移而持续上升，因为在这些情况下宇宙总是在膨胀。曲线的斜率越大，膨胀速度就越大。对于重新坍缩的宇宙，曲线开始时呈现上升趋势，但随着宇宙开始收缩，曲线最终转向下降。所有曲线都经过了同一点，而且在标有"现在"的时刻具有相同的斜率，因为在每种情况下，星系之间的当前间隔和当前膨胀速度都必须与当今宇宙的观测结果一致。

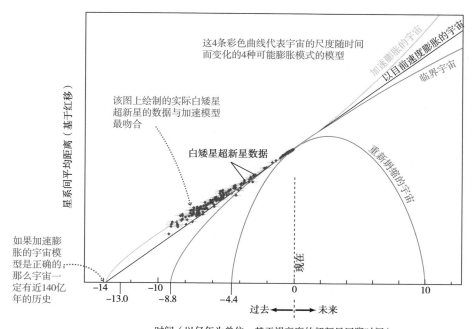

图 6-15　白矮星超新星的数据以及宇宙膨胀的 4 种可能模型

注：曲线显示一个特定模型中星系间的平均距离随时间而变化的情况。曲线上升表示宇宙在膨胀，曲线下降表示宇宙在收缩。请注意，与其他模型相比，白矮星超新星数据与宇宙加速膨胀模型更为拟合。

　　图 6-15 中的黑点表示实测数据，这些数据是利用白矮星超新星作为标准烛光而测得的距离。连接每个点的水平线表示所测量的回溯时间的不确定性范围。虽然数据点有些分散，但是与其他模型相比，它们显然与加速膨胀的宇宙模型的曲线更为拟合。因此我们得出结论，一定有某种力与引力抗衡。这为我们所说的暗能量的存在提供了证据。

## 平坦度与暗能量

　　暗能量存在的另一个证据是宇宙的整体几何形状。回想一下，由爱因斯坦的广义相对论可知，整体几何形状可以为 3 种形式之一，即球面、平坦的或马鞍形。通过对宇宙微波背景进行仔细观测而获得的强有力的证据证明，宇宙的实际几何形状是平坦的。

　　我们在上一章中已讨论过，平坦的几何形状意味着，宇宙中物质加能量的总密度正好等于临界密度。

　　现在回想一下，观测结果显示，物质的总密度仅为临界密度的 30% 左右。在这种情况下，宇宙密度的其余约 70% 必然以能量的形式存在。很能说明问题的是，要解释所观测到的膨胀加速现象，所需的暗能量也约为临界密度的70%。因此，我们得出惊人的结论：宇宙总质能的约 70% 是以暗能量的形式存在的。

　　天文学家对宇宙微波背景的温度模式进行了更详细的分析，他们得出结论，宇宙中物质和能量的组成如下（见图 6-16）：

· 普通物质。普通物质由质子、中子、电子组成，它们约占宇宙总质能的 5%。
值得注意的是，这个模型的预测与我们对宇宙中氘的观测结果一致。普通物质中的部分以恒星的形式存在，这部分物质约占宇宙质能的 0.5%。其余的物质则以星系际气体的形式存在，比如在星系团中发现的热气体。

- 某种形式的奇异暗物质。这部分物质很可能是弱相互作用大质量粒子，它们约占宇宙质能的 27%，这与我们从星系团质量测量中所得出的结论非常一致。
- 暗能量。宇宙质能的其余 68% 为暗能量，这既解释了所观测到的宇宙膨胀加速，又解释了宇宙微波背景的温度模式。

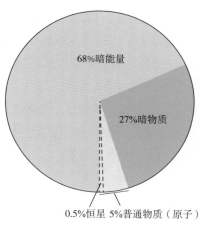

图 6-16　宇宙中物质和能量的组成

　　此外，根据上述物质和能量的成分所构建的相同模型可以得出宇宙的精确年龄。由与数据最吻合的模型可知，宇宙目前的年龄约为 138 亿年，误差约为 1 亿年。正因为如此，在本书中我们说宇宙"大约有 140 亿年的历史"。值得注意的是，这个年龄与我们从哈勃常数和观测到的膨胀变化中所推断出来的结果完全吻合，与宇宙中最古老的恒星大约有 130 亿年的历史这一事实也完全吻合。

## 暗能量的本质

　　宇宙在加速膨胀以及宇宙明显是平坦的，这两者结合在一起有力地证明了我们所称的暗能量的存在。然而，科学家对暗能量究竟是什么仍知之甚少。自然界已知的 4 种力中，没有一种力能与引力对抗，虽然有些基础物理学的理论提出，能量符合这一要求，但没有一种已知的能量能产生适当的加速度。

通过持续观测遥远的超新星，我们有可能了解暗能量对整个宇宙历史到底有多大的影响，以及这种影响的强度是否会随着时间而变化。目前我们已经找到了一些有趣的线索。例如，在大爆炸之后，膨胀似乎并没有立即加速，这表明引力足够强大，足以在最初的几十亿年里使膨胀速度减缓，直到暗能量成为主导为止，图 6-15 中加速膨胀的宇宙模型曲线显示的就是这种情况。有趣的是，这种情况与爱因斯坦曾经提出但后来在广义相对论中否认的观点是一致的。这使有些科学家认为，爱因斯坦引力方程中的一个术语"宇宙学常数"可能成功地阐释了暗能量的本质。然而，即使这个想法被证明是正确的，我们距离真正理解暗能量的本质还有很长的路要走。不管怎样，暗物质与暗能量的科学进程可能会在未来几十年内遇到更多的波折。

图 6-17 概述了我们所讨论过的暗物质与暗能量存在的证据。

## 要点回顾
The Cosmic Perspective Fundamentals >>>

- 因为从这种物质中探测不到可见光，所以我们称它为暗物质。对星系团的类似观测表明，暗物质的总质量远远大于恒星和气体的总质量。

- 宇宙中由质子和中子组成的普通物质似乎不足以解释我们在宇宙中观测到的所有暗物质。由此我们推测，大多数暗物质是由一种在地球上尚未观测到的弱相互作用大质量粒子构成的。

- 星系可以在宇宙中的某些区域形成，在这些区域中，主要由暗物质产生的引力足够强大，足以阻止宇宙膨胀，并将气体拉入原星系云中。

- 目前的证据表明：（1）宇宙中没有足够的物质使引力阻止膨胀；（2）宇宙在加速膨胀，这是一种我们称之为暗能量的斥力导致的。事实表明，在未来一段时间里，这种膨胀将继续加速。

- 证明暗能量存在的关键证据有两条：（1）对遥远的超新星的观测表明，宇宙正在加速膨胀，而且一定有什么物质产生了与引力抗衡的斥力；（2）宇宙的整体几何形状是平坦的，这表明物质加上能量的总密度等于临界密度，但是物质的总密度只有临界密度的 30% 左右，因此其余的约 70% 一定是暗能量。

① **星系中的暗物质**：将牛顿万有引力定律和运动定律应用于计算恒星和气体云的轨道速度，发现星系中含有的物质比我们观测到的恒星和发光气体要多得多

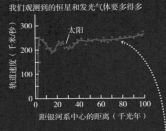

即使远离银河系中心，恒星和气体云的轨道速度仍然很高

这表明银河系的可见部分位于体积大得多的暗物质的中心

**科学的特征**　科学模型必须为观测到的现象寻求完全基于自然原因的解释。星系内的轨道运动需要一个自然的解释，这就是科学家提出存在暗物质的原因

② **星系团中的暗物质**：进一步证明暗物质存在的证据来自对星系团的研究。对星系运动、热气体和引力透镜的观测都表明，星系团含有的物质远比我们直接观测到的恒星和气体要多得多

这个星系团就像一个引力透镜，将位于其后面的单个星系发出的光扭曲成照片中的多个蓝色形状。天文学家可以通过弯曲的程度计算出星系团中物质的总量

**科学的特征**　科学是通过创建和检验自然模型而进步的，而自然模型应尽可能简单地解释观测结果。暗物质比其他假说更简单地解释了我们对星系团的观测结果

**图 6-17　暗物质与暗能量**

注：科学家认为，宇宙中的大部分物质是我们看不见的暗物质，宇宙加速膨胀是因为一种我们无法直接探测到的暗能量。暗物质与暗能量是存在的，因为它们使我们的宇宙模型与观测结果更加一致，而且符合科学的进程。这张图呈现了暗物质与暗能量存在的证据。

③ **结构形成**：如果暗物质真的是宇宙中引力的主要来源，那么它的引力一定是星系和星系团聚集的原动力。我们可以利用超级计算机来模拟有暗物质和没有暗物质的大尺度结构的形成，验证这一预测。含有暗物质的模型与我们在真实宇宙中观测到的情况更加吻合

④ **宇宙膨胀和暗能量**：如果宇宙的主要成分是暗物质，那么由于受引力的影响，宇宙膨胀的速度会随着时间的推移而减缓，但观测表明，膨胀实际上在加速。于是科学家推测，有一种神秘的暗能量导致膨胀加速。同时含有暗物质与暗能量的模型比只含有暗物质的模型更接近观测结果

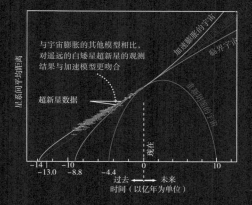

与宇宙膨胀的其他模型相比，对遥远的白矮星超新星的观测结果与加速模型更吻合

超新星数据

以暗物质为主要引力来源的超级计算机模型显示，星系排列成链状和片状，其大小和形状与我们在现实宇宙中观测到的相似

**科学的特征** 科学模型对自然现象做出可检验的预测。如果预测与观测结果不一致，则必须修正或放弃该模型。宇宙膨胀的观测结果迫使我们进一步修正宇宙模型，将暗能量和暗物质都包括在内

07

地外文明的可能性有多大

# 妙趣横生的宇宙学课堂

· 生命存在的必要条件是什么?

· 我们是太阳系中唯一存在的文明吗?

· 我们如何识别可宜居的行星?

· 地球以外有智慧生命吗?

· 宇宙中的生命都需要走"进化之路"吗?

开普勒在发现行星运动定律后不久，就写了一个故事，想像月球上有人居住。威廉·赫舍尔（William Herschel）是天王星的发现者之一，他怀疑几乎所有行星上都有生命。最著名的是，19 世纪末，洛厄尔声称在火星上看到了运河网络，他认为这是先进文明的标志。洛厄尔的观点成为了 H·G·韦尔斯（H. G. Wells）的小说《星球大战》（*The War of the Worlds*）的基础，并使公众普遍相信火星人的存在。

如今我们有足够多的探测器拍摄的图像，可以很自信地说，在太阳系中的其他星球上都未曾有过文明。然而，我们有充分的理由认为，其中有些星球具备原始生命生存的条件，而且世界各地的科学家正在积极从事相关研究，这有助于我们了解太阳系的其他地方是否存在生命。

本章内容，你将探索宇宙中的生命，其中包括搜寻地外文明，或称 SETI，这通常是利用像章首页背景图那样的射电望远镜进行的。

## Q1 生命存在的必要条件是什么？

其他星球上存在生命的观点并不新鲜，《E.T. 外星人》《阿凡达》

《独立日》《第九区》《黑衣人》等电影中，呈现出无数人们想象中的外星生命形象，天文学家们对于地外生命的猜测也从未停歇。

在太阳系中寻找生命的第一步是确定我们要寻找什么。事实证明，给生命下定义是非常困难的。科幻小说作家已经想象出了各种奇异的生命形式，比如晶体生命或硅基生命。然而，我们最初的搜寻主要集中在寻找至少在某种程度上类似地球上生命的生命形式，而且它们的生存条件与地球上的生命形式所需的生存条件类似。

## 地球生命的本质

我们可以通过研究地球生命的本质来了解生命的需求。地球上所有的生命都具备一些共同的特征。例如，所有已知的生命都使用脱氧核糖核酸（DNA）作为遗传物质，并使用相同的称为氨基酸的构成要素来形成蛋白质。然而，除了这些基本的相似之处，地球上的生命是非常多样化的。

在人类历史的大部分时间里，人们通常认为所有的生物都属于植物界或动物界。但在 20 世纪中期，随着科学家更详细地研究微生物生命，我们了解到大多数微生物并不属于这两个类别中的任何一个。

如今，生物学家可以通过比较现存物种 DNA 中的碱基序列确定它们之间的关系。例如，两种生物的某个特定基因的 DNA 序列只有一处不同，它们之间的关系可能比基因序列有五处不同的两种生物之间的关系更为密切。通过许多次这样的 DNA 比较，生物学家已构建出反映所有现存物种之间关系的生命树。

图 7-1 呈现的就是现今已知的生命树的主要特征。值得注意的是，地球上的生命分为 3 个主要领域，即细菌、古生菌和真核生物，而植物和动物仅代表一个领域中两个密切相关的小分支。

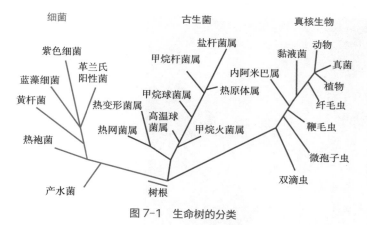

图 7-1 生命树的分类

注：生命树的关键特征通过比较不同生物的 DNA 序列，确定物种之间的
关系。仅仅两个小分支就代表了地球上所有的植物和动物。图中只展示和
标注了众多关系中的一小部分。

生命树为我们提供了几个重要的启示，可以帮助我们寻找地球以外的生命。
首先，由生命树可知，我们最熟悉的植物和动物并不是地球上最典型的生命。
相反，地球上的大多数生命都是微观的，这种微观的生命在其遗传物质中表现
出的多样性远远超过我们在植物和动物中发现的多样性。这表明，我们更有可
能在其他星球上发现微观生命，而不是类似于植物或动物的大型生命形式。

其次，尽管我们在生命树中看到了极大的多样性，但地球上的所有生命似
乎都是相互关联的，这表明所有生命都从一个共同的祖先进化而来。靠近生命
树"树根"的树枝上的生物，其 DNA 随时间变化的幅度一定较小，这表明这
些生物更接近于地球历史早期的生物。

离树根最近的许多现代生物是生活在深海海底火山口附近水温很高的水中
微生物（见图 7-2）。与地球表面依赖阳光生存的大多数生命不同，这些生物
从水中的化学反应中获取能量，而火山使这些水的温度升高。因此，我们得出
结论：阳光不是生命存在所必需的。这一事实说明，即使在阳光非常弱的星球
上，生命也可能存在。

图 7-2　海底的火山口

注：海底的一个火山口喷出富含矿物质的热水。DNA 研究表明，生活在这些火山口附近的微生物，从进化的角度来说，比几乎所有的其他生物都要古老，这表明生命最初可能是在类似的环境中出现的。

最后，通过对生命树中各种生物及其生存条件进行更详细的研究，我们获得了其他重要的启示。这些生物大多生活在我们看来"极端"的条件下。例如，虽然我们人类需要氧气呼吸，但大多数微生物不需要。此外，许多生命形式可以在对我们人类来说几乎会立即致命的条件下生存，甚至茁壮成长。海底火山喷口附近的微生物在温度高于正常沸点的水中繁衍生息，在深海的高压下，这种温度很高的水保持液态，但它仍会使任何植物或动物迅速死去。在南极洲冰冷干燥的山谷中，我们发现微生物生活在岩石里，它们依靠微小的液态水滴和阳光的能量生存。

我们还发现，其他微生物生活在地下数千米处的渗水岩石中，生活在极端酸性和碱性的环境中，以及生活在暴露于高剂量辐射的核反应堆中。我们甚至还发现，包括一些小动物（见图 7-3）在内的生物，至少可以在近乎真空的太空中生存一段时间。由此我们可以想象，生命可能会搭乘被撞击到太空的岩石，从一个星球迁移到另一个星球。生活在极端环境中的生物被统称为极端微生物。这种微生物的发现表明，生命可以在比我们几十年前想象的更广泛的条件下生存。

图 7-3　水熊虫

注：虽然看起来几乎不像是真的，但这张照片展示的是一种叫作缓步动物（也被称为"水熊虫"）的小动物，它大约有 1 毫米长。缓步动物可以在一系列令人难以置信的"极端"条件下生存，比如可以在接近真空的太空环境中生存一段时间。

## 宜居的条件

我们可以利用对地球生命本质的理解来确定哪些星球可以成为宜居星球，即至少某种类似地球上的生命可以生存的星球。值得注意的是，宜居星球上不一定有生命，但要具有支持生命生存的条件。那么地球上的生命究竟需要什么条件才能生存呢？

我们将地球上包括极端微生物在内的所有不同的生命形式进行了比较，结果发现，它们都需要 3 个基本条件：

· 营养源（元素和分子）。生命从营养源中构建活细胞。
· 为生命活动提供燃料的能量。这些能量可以来自阳光、化学反应或地球本身的热量。
· 液态水。液态水有几个重要功能，包括将营养物质输送到活细胞，以及将废物从活细胞中排出。

有趣的是，只有液态水这一条件有很多限制。作为生命组成部分的分子几乎无处不在，甚至在陨石和彗星上都有分子。许多星球非常大，可以保留内部热量来为生命提供能量，而且太阳系中所有星球的表面都能受到阳光照射，尽管光的平方反比定律意味着，星球离太阳越远，阳光为其提供的能量就越少。因此，几乎每颗行星和卫星至少在某种程度上都能获得营养和能量。相比之下，液态水似乎相对稀少。尽管我们可以想象，在某些星球上，诸如液态甲烷或乙烷等其他液体可以替代液态水，但这些液体也很罕见。因此，寻找宜居星球和生命首先要寻找液体，尤其是液态水。

# Q2　我们是太阳系中唯一存在的文明吗？

在探寻宇宙生命的过程中，我们首先将太阳系作为探索的目标，但因为液态水或其他液体这一条件的限制，太阳系的大多数星球上似乎就不可能存在生命了。水星和月球上没有任何液体，大多数小卫星、小行星和彗星也是如此。金星的表面温度太高，不可能存在液态水（尽管它的云层中含有酸性水滴）。类木行星的云中可能有液态水和其他液体的液滴，但这些行星上强烈的垂直风意味着，任何液滴都不可能长期保持液态，所以这些行星不太可能成为生命的家园。然而，有几个星球确实有液态水或其他液体混合物存在的迹象，这似乎至少说明这些星球上有生命存在的可能。

## 火星存在生命的可能性

许多科学家认为，火星是太阳系中除地球之外最有可能在过去或现在存在生命的，并多次发出探测器对火星进行探索。

在火星上寻找生命的第一个任务由 1976 年登陆火星的两个"海盗号"（Viking）探测器完成。每个探测器都配备了一个机械臂，可以收集土壤样本，并将其送入机器人控制的机载实验。尽管实验得出了一些非常有趣的结果，但大多数科学家的结论是，在火星上没有发现生命，只有后续任务才能帮助我们了解火星上是否曾有过生命。

最近的任务使我们对火星上是否可能存在生命有了更多的了解。2004 年登陆火星的"勇气号"（Spirit）和"机遇号"（Opportunity）探测器，以及 2012 年登陆火星的"好奇号"探测器，都配备了大量的仪器，旨在帮助我们了解火星上是否宜居（见图 7-4）。我们在前文已讨论过，这些火星探测器发现了矿物存在的迹象，这有力地支持了火星表面曾经有湖泊或海洋的观点。

**图 7-4 "好奇号"探测器向岩石发射激光**

注：图片展示了"好奇号"探测器上的仪器"化学摄像机"向火星上的一块岩石发射激光。该图为艺术家对这一过程的构想图。激光使岩石物质升华，这样就可以对这种材料进行光谱分析。插图显示，"好奇号"先在岩石上钻出一个大洞，然后用激光使尘埃碎片升华来进行光谱分析，激光也打出了一排小洞。

另一个有趣的发现是，火星大气中存在不同水平的少量甲烷。这可能与搜寻的生命有关，因为除非不断补充，否则甲烷无法在大气中长期存在，而在地球上，补充甲烷的主要来源是生命。对于火星来说，甲烷的来源更有可能是火山活动或其他地质活动，而这样的活动似乎仍会增加在火星上发现生命的可能性，因为释放甲烷同样需要内部热量，这样就可能会使一些地下水保持液态。科学家希望通过继续研究甲烷水平以及"洞察号"（Insight）火星探测器获取的火星内部数据来了解更多的信息。"洞察号"探测器于 2018 年登陆火星。

通过多次对火星的探索，目前大量证据表明，在遥远的过去，火星表面有液态水，如果是这样的话，火星在当时是适合居住的。如果火星的宜居期持续得足够长，可以想象，生命可能已经在火星上出现并扎下了根。即使火星上没有原生生命，但也存在这样的可能，即由于撞击，地球喷射出去的陨石将微生物从地球带到了火星。如果这些微生物在这一旅程中幸存了下来，并在宜居期登陆火星，那么它们就可能在抵达火星后茁壮成长起来。

甚至还有一种可能，即如今的火星仍适合居住。但是火星表面不适合居住，因为气压低，液态水无法在火星表面保持稳定，所以我们并不认为火星上有生命存在。然而，火星上仍然有大量的冰和一些内部热量，这意味着，火星地下可能存在液态水或渗水岩石。事实上，最近的证据表明，火星南极冰盖下可能有一个 20 千米宽的大盐湖。如果在遥远的过去火星上存在生命，那么有些微生物可能仍存活在这样的地下环境中，就像生活在地球上地下岩石中的微生物一样。

## 类木行星卫星上的生命

除火星之外，太阳系中最有可能存在生命的可能就是木星的卫星木卫二了。回想一下，强有力的证据表明，木卫二的冰壳下有一个深层的液态水海洋。形成木卫二的冰和岩石中无疑含有生命所必需的化学成分，而木卫二的内部热量（主要是潮汐加热）应该足以为海底的火山口提供能量。鉴于地球上海底火山口附近生命繁盛，想象木卫二上也存在类似的生命似乎也很合理。如果生命是在这些火山口附近开始的，那么它可能会从那里传播到木卫二海洋中更远的地方。

木卫二存在生命的可能性特别有趣，因为与火星上可能存在生命不同，木卫二上的生命不一定是微小的。毕竟，木卫二几千米长的表面冰层下不仅隐藏着疑似海洋，还可能隐藏着在其中游动的大型生物。然而，木卫二上生命的能量来源远比地球上生命的能量来源少，这主要是因为阳光无法为地下海洋中的光合作用提供能量。因此，大多数科学家认为，木卫二上的任何生命都可能微小而原始的。

我们在前文已讨论过，木星的卫星木卫三和木卫四也可能有地下海洋，尽管这些卫星能为生命提供的能量比木卫二还少。如果它们有生命存在，那么我们几乎肯定生命是微小而原始的。尽管如此，木卫二、木卫三和木卫四至少存在这样一种可能性：仅在绕木星运行的卫星中，可能存在生命的星球就比我们在太阳系其他地方发现的多得多。

土卫六还有一个寻找生命的诱人之处。它的表面温度太低，不可能存在液态水，但它有液态甲烷和乙烷构成的湖泊和河流。这些液体有可能像地球上的水一样支持生命存在，但许多生物学家认为这不太可能。土卫六地下深处也可能存在液态水或温度较低的氨水混合物，所以是有可能存在水基生命的。

土卫二令寻找生命的科学家兴奋不已，因为它有从内部喷出的冰泉，而且"卡西尼号"探测器的详细探测表明，这些冰泉几乎可以肯定是由地下海洋为其提供动力的（见图 7-5）。如果这个海洋中存在生命，那么冰泉可能会喷出瞬间冻结的生命形式，这样未来的探测器很容易就能识别出生命。在土星之外太阳系的其他天体，包括天王星的一些卫星、海王星的卫星海卫一，甚至冥王星，都有可能存在地下水甚至生命。

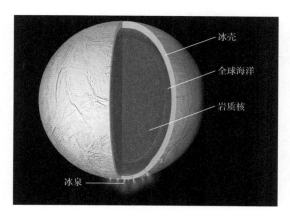

冰壳

全球海洋

岩质核

冰泉

图 7-5　土卫二内部的冰泉

注：此图未按实际比例显示。如图所示，南半球的冰泉可能是由地下海洋的能量驱动的。冰泉出现在地壳断裂的地方，所以水可以从下面升起。如果地下海洋中存在生命，那么我们可能会找到它从冰泉喷射到太空的证据。最近的证据表明，木卫二可能也有间歇泉，将水从地下海洋喷射到太空中。

总的来说，我们在太阳系中发现了至少 6 颗宜居星球：火星、木卫二、木卫三、木卫四、土卫六和土卫二。虽然我们还不知道这些星球上是否有生命存在，但这种可能性确实存在。

# Q3　我们如何识别可宜居的行星？

我们已经发现了数千颗围绕着太阳以外的恒星运转的行星，统计数据表明，银河系有上千亿颗恒星，它们中的大多数都有行星系统。这些统计数据，似乎大大增加了在其他地方存在生命的可能性。但是，数据并不能说明一切。

事实上，目前的技术仍然非常有限，虽然大型望远镜原则上可以探测到太阳系外行星表面存在的生命，但任何可预见的技术都无法探测到隐藏在其他恒星系统地下深处的生命，除非它对行星的大气层有明显的影响。因此，我们将重点放在寻找具有宜居表面的行星上的生命，这意味着这些行星的表面温度和压力允许液态水存在。尽管以目前的技术条件，我们也无法对这些行星进行足够细致的观察，但我们可以利用对行星地质学和大气层的了解，对任何特定的行星是否宜居做出有根据的推测。

## 地球宜居的 4 个条件

回顾一下本书所讨论过的所有观点，我们会发现有 4 个条件似乎可以解释为什么地球非常适合生命的长期进化：

· 与太阳的距离使地球处于太阳的宜居带内（见图 7-6），这意味着这个距离足够大，足以使水蒸气凝结成雨并形成海洋，但又不至于大到使所有的水都结冰。

- 火山活动使地球内部释放出被困气体（包括水蒸气和二氧化碳），从而形成大气和海洋。
- 数十亿年来气候一直适合液态水的存在，这在地球上之所以成为可能，在很大程度上是因为板块构造支持二氧化碳循环，从而调节气候。
- 有保护大气层不受太阳风影响的行星磁场。

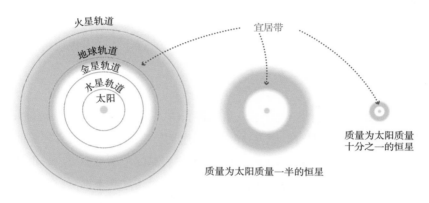

图 7-6　不同质量恒星宜居带的示意图

注：恒星的宜居带是指大小和成分适当的行星表面可能存在液态水的区域。这张图按比例展示了太阳、质量为太阳质量一半的恒星（光谱类型为 K）以及质量为太阳质量十分之一的恒星（光谱类型为 M）周围的近似宜居带。恒星的质量和光度越小，宜居带就越小，而且距离越近。

基于此，我们可能会认为，具有这 4 个条件的其他行星看起来和地球非常类似，因此很可能会有生命存在。在寻找生命的过程中，一个关键的问题是，我们认为有多少颗行星具有这些条件。虽然这个问题的答案仍存在争议，但至少有一些理由认为，许多行星具有这些条件。

我们已经发现，许多行星在宜居带内运行，而且统计数据表明，银河系中可能有数百亿颗这样的行星。寻找具有后 3 个条件的行星似乎更加困难，但许多行星地质学家认为，几乎所有位于宜居带、大小和成分与地球相似的行星都可能具有这 3 个条件。例如，我们认为，这样的行星的内部温度都足够高，足以进行火山活动，从而排放出气体，而且似乎大多数这样的行星也有对流的核心层，旋转速度也足够大，足以产生磁场。但我们对地球大小的行星是否也具有板块构造这一点还不太清楚。毕竟，金星虽然和地球差不多大，但没有这一特征。回想一下，金星上没有板块构造可能是因为其表面温度高，而表面的高温是由失控温室效应造成的，失控温室效应之所以产生，是因为金星距离太阳太近而无法位于宜居带内。如果这个假设是正确的，那么只要金星在诞生时离太阳稍远一点，它就可能具有板块构造和宜居的表面。在没有板块构造的情况下，气候也有可能是稳定的。

因此，成为宜居行星的"方法"可能很简单，只要大小和成分与地球相似，同时在宜居带内运行即可。因为这些特征可能很普遍，所以具有宜居表面的类地行星也可能很普遍。有些科学家认为，宜居行星的范围可能更广，也许还包括第 7 章讨论过的一些超级地球和水世界。有些科学家甚至推测，孤儿行星可能有生命。孤儿行星指被引力从其诞生的恒星系统中抛出的行星。一些模型表明，这样的行星可能有厚厚的大气层，即使没有附近恒星的热量，它们也会有液态水（见图 7-7）。

图 7-7　这张艺术家的构想图展示的是一颗孤儿行星在红外线下可能的样子

注：孤儿行星指的是从其恒星系统中逃逸出来的行星。孤儿行星离恒星太远，无法用反射的可见光观测到，而且温度太低，无法自身发射可见光，但它们会发射红外光。

## 生命的标志

实际上，观测可能宜居的行星的表面需要比现有的望远镜更强大的望远镜。然而，我们仍可以通过光谱分析了解这样的星球上是否存在生命，而光谱分析也许可以用比现有的望远镜略微先进些的望远镜来实现。例如，中等分辨率的红外光谱原则上可以揭示大气中存在的气体及其丰度，包括二氧化碳、臭氧、甲烷和水蒸气（见图7-8）等。通过细致的分析，我们可以得知行星上是否有生命。例如，地球大气中的氧气是光合作用生命的直接产物，遥远行星的大气中丰富的氧气可能预示着生命的存在，因为我们知道，任何非生物的方式都无法产生像地球那样丰富的氧气。更多的证据可能来自生命释放的其他气体。科学家正在努力提高我们对生命如何影响大气化学成分的理解，希望我们能将特定气体的组合看作是生命的标志。

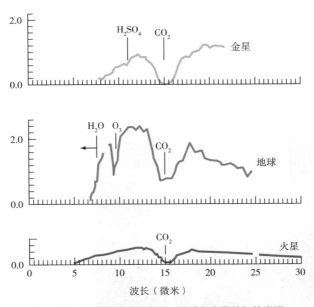

图 7-8　从远处看到的金星、地球和火星的红外光谱

注：这些红外光谱说明了大气的吸收特征，表明大气中存在二氧化碳、臭氧和硫酸（$H_2SO_4$）。虽然这3个光谱中都有二氧化碳，但只有地球上有可观的氧气（因此也有臭氧），氧气是光合作用的产物。如果我们能对遥远的行星进行类似的光谱分析，我们可能就会探测到表明生命存在的大气气体。

## Q4　地球以外有智慧生命吗？

　　如果宜居行星和生命被证明是普遍存在的，那么我们自然就会想，其他行星是否也有智慧生命和文明呢？如果存在这样的文明，我们也许可以通过倾听它们向星际空间发送的信号找到它们。这些信号或许表明它们有意与其他文明取得联系，或许是它们之间自我交流的一种手段。搜寻来自其他文明的信号通常被称为地外文明探索，英语缩写为 SETI。要想判断搜寻地外文明成功的概率，我们需要知道现在有多少文明在发送这样的信号。

### 德雷克方程

　　鉴于我们甚至不知道地球以外的地方是否存在微生物，我们当然不可能知道还存在多少其他文明。尽管如此，要想有计划地寻找地外文明，理性思考可能存在的文明的数量是很有帮助的。1961 年，天文学家弗兰克·德雷克（Frank Drake）写了一个简单的方程，现在被称为德雷克方程，这个方程旨在总结决定我们可能接触到的文明数量的因素（见图 7-9）。

图 7-9　德雷克正在写下德雷克方程

注：与 1961 年德雷克首次写下的方程相比，该方程背后的一些科学思想已经发生了变化，因此，经德雷克博士同意，我们在本书中使用了他原始方程的修正形式。

为了便于讨论，我们只考虑银河系中可能存在的文明的数量。原则上，德雷克方程为我们提供了一种方法来计算目前与我们共享银河系并能够进行星际通信的文明的数量。在原始方程的基础上稍作修改后，德雷克方程是这样的：

$$文明数量 = N_{HP} \cdot f_{life} \cdot f_{civ} \cdot f_{now}$$

一旦你理解了每个因子的含义，这个方程就有意义了：

- $N_{HP}$ 指银河系中宜居行星的数量，也就是说，可能存在生命的行星数量。
- $f_{life}$ 指真正存在生命的宜居行星的数量。例如，$f_{life}=1$ 表示所有宜居行星都有生命存在，而 $f_{life}=1/1\ 000\ 000$ 表示每 100 万颗宜居行星中只有 1 颗有生命存在。乘积 $N_{HP} \cdot f_{life}$ 为银河系中有生命的行星的数量。
- $f_{civ}$ 指曾经出现过能够进行星际通信的文明的有生命的行星数量。例如，$f_{civ}=1/1\ 000$ 表示在 1 000 个有生命的行星中，有 1 颗行星上存在这样的文明，而其他 999 颗行星上的物种都还没有学会建造无线电发射机、高功率激光器或其他星际通信设备。当我们将这个因子与前两个因子相乘，得到 $N_{HP} \cdot f_{life} \cdot f_{civ}$ 的乘积时，我们就得到了在银河系历史上的某个时期，有智慧生物在行星上进化并发展出通信文明的行星总数。
- $f_{now}$ 是指在有文明的行星中，现在恰好也存在文明的行星数量，此处指的是现在，而不是几百万年前或几十亿年前。这个因子很重要，因为我们只希望与那些目前可以接收到它们发出的信号的文明联系。（在估算 $f_{now}$ 时，我们假设已将来自其他恒星的信号的光传播时间考虑在内了。）

由前 3 个因子的乘积，我们可知银河系中曾经出现过的文明的总数，再乘以 $f_{now}$，就可以得到我们如今可能通信联系的文明的数量。换句话说，德雷克方程的结果就是我们有希望通信联系的文明的数量。

## 用德雷克方程进行估算

遗憾的是，我们只能对德雷克方程中的第一个因子，即宜居行星的数量（$N_{HP}$），做出合理且有根据的猜测。正如我们已讨论过的，我们知道行星系很常见，而且我们至少有一些充分的理由认为，在许多或大多数行星系中都可以找到宜居行星。尽管目前还存在一些不确定性，但我们假设银河系可能拥有多达 1 000 亿颗宜居行星似乎是合理的。

确定 $f_{life}$ 因子困难些。目前，我们还没有可靠的方法估算有多少宜居行星上确实出现过生命。所存在的问题是，我们只能研究地球这一个例子，结论不能以偏概全。然而，关于地球上的生命是如何产生的，科学家已提出了一些看似合理的想法。如果这些想法是正确的，那么在条件类似的其他星球上似乎也应该存在生命。此外，地质证据表明，生命是在地球形成后的几亿年内出现的，而且可能是在适宜生命生存的条件形成仅几千万年后就出现了。与地球的历史相比，这段时间很短，这说明生命的起源相当"容易"。综合来看，生物学和地质学证据似乎都表明这样一个观点，即大多数或所有宜居行星最终都会有生命出现，那么因子 $f_{life}$ 的值就接近于 1。当然，在找到确凿的证据证明其他行星上确实出现过生命之前，地球可能也是有幸才有生命存在的，那么因子 $f_{life}$ 的值可能接近于零，这说明银河系的其他行星上从未出现过生命。

确定因子 $f_{civ}$ 则更为困难，它代表有生命的行星上出现能够进行星际通信的文明的比例。在地球上，某种生命形式已经繁盛了近 40 亿年，但我们的文明能够向恒星发送无线电信号的时间还不到 1 个世纪。这表明，即使生命在地球上出现很"容易"，但它要进化成智慧生命和文明则困难得多。因此，有些人认为，虽然生命可能很普遍，但文明不是。另一方面，如果我们假设地球很典型，那么我们可能会认为，有生命的行星在达到与地球目前 45 亿岁的年龄近似的年龄时，最终都会产生文明。在这种情况下，如果宜居行星真的像我们所猜测的那样普遍，而且生命也能很容易地出现，那么银河系在某个时期可能会出现成千上万或数百万的文明（见图 7-10）。

图 7-10 这张图展示的是一颗假想的行星

注：这颗假想的行星绕着一个密近双星系统运行。它很像地球，在夜晚可以看到它的文明之光。

我们现在可以看到德雷克方程中最后一个因子 $f_{\text{now}}$ 的重要性了。为了便于讨论，我们假设生命和智慧生命曾在成千上万颗或数百万颗星球上出现过。那么如今存在的文明数量取决于这些文明是否仍然存在。以我们自己为例。在银河系存在的大约 120 亿年的时间里，我们能够通过无线电进行星际通信的时间只有大约 60 年。如果我们明天就要自我毁灭，那么其他文明只能在银河系 120 亿年历史的 60 年里接收到我们的信号，这只相当于银河系历史的两亿分之一。如果这么短的技术生命是文明的典型特征，那么 $f_{\text{now}}$ 的值为 1/200 000 000，而且银河系中需要曾经存在过大约 2 亿颗承载文明的行星，这样我们才会有机会在那里找到另一个文明。

然而，只有当我们处于自我毁灭的边缘时，我们才会期望 $f_{\text{now}}$ 的值很小，因为只要我们的文明存在，这个数值就会变大。也就是说，如果文明普遍存在，那么生存能力就是判定如今是否存在文明的关键因素。如果大多数文明在获得星际通信技术后不久就自我毁灭了，那么几乎可以肯定，目前我们是银河系中唯一存在的文明。但如果大多数文明能够存续下来并繁荣发展数千年或数百万年，那么银河系可能会充满了文明，而且大多数文明远比人类文明先进得多。

## 地外文明探索

如果其他文明确实存在，那么原则上我们应该能够与它们取得联系。基于目前我们对物理学的理解，似乎先进的文明社会也可能会像我们一样，通过无线电波或其他形式的光编码信号进行交流。进行地外文明探索的大多数研究人员使用大型射电望远镜来搜寻地外的无线电信号（见图 7-11），这些射电望远镜可以同时扫描数百万个无线电频段。有些研究人员也核查电磁波谱的其他频段。例如，有些科学家使用可见光望远镜搜索以激光脉冲为编码的通信信号。当然，先进的文明也有可能发明了我们甚至无法想象的通信技术。在这种情况下，我们可能只能探测到像我们这样相对年轻的文明的通信信号，因为更先进的文明在使用我们还没有的技术。

图 7-11　艾伦望远镜阵列

注：该阵列位于加利福尼亚州哈特克里克，被用来搜寻来自地外文明的无线电信号。

## 外星人到访与费米悖论

本章的一个基本假设是，我们还不知道是否存在其他文明。然而，民意调查显示，许多人认为外星人已经乘坐不明飞行物到访过地球。难道地外生命存在的证据已经找到了吗？

新闻里经常出现不明飞行物及遭遇外星人的说法。然而，虽然可供科学研究的证据有很多，但迄今为止，这些证据还不足以使科学家相信外星人来访过的说法是真的。未来可能会发现更有说服力的证据。

无论是通过搜寻地外文明的通信信号，还是通过外星人到访地球的证言，我们仍没有足够的科学证据证明外星生命的存在，这本身就会引发一些问题。虽然星际旅行远远超出了我们目前的技术水平，但技术进步的速度表明，我们最终应该能够实现星际旅行。通过模拟文明在恒星间可能的传播方式，我们发现，一旦文明能够进行恒星旅行，即使速度只是光速的一小部分，该文明只需要几千万年的时间就能传播到大部分或全部星系。与银河系的年龄相比，这段时间非常短，所以我们得出了一个惊人的结论：如果文明是普遍存在的，那么外星人如今应该也能创造银河系文明了。事实上，这个银河系文明在很早之前就应该存在了。

要了解其中的原因，我们选取一些样本数据进行说明。由德雷克方程中的因子可知，恒星周围出现文明的总体概率与你中彩票的概率差不多，即 100 万分之一。我们保守估计银河系中有 1 000 亿颗恒星，那么仅银河系中就有大约 10 万个文明。此外，目前的证据表明，类似我们这样的恒星和行星系在太阳系诞生之前可能就已经形成了至少 50 亿年。如果是这样的话，这 10 万个文明中的第一个文明至少在 50 亿年前就出现了。其他文明平均每 5 万年就会出现一个，因为 50 亿年 ÷ 10 万个文明 = 每个文明间隔 5 万年。根据这些假设，我们预计，除我们的文明之外，最年轻的文明在技术上比我们领先约 5 万年，而大多数文明在技术上比我们领先数百万年或数十亿年。

因此，我们遇到了一个奇怪的悖论：看似合理的论据表明，银河系文明应该已经存在了，但迄今为止，我们还没有发现证明这样一个文明存在的证据。这个悖论通常被称为费米悖论，是以诺贝尔物理学奖得主恩里科·费米（Enrico Fermi）的名字命名的。1950 年，在与其他科学家讨论地外文明存在的可能性时，费米对各种猜测的回应是："那么它们都在哪儿呢？"

这个悖论有很多可能的解读，但广义上讲，我们可以将其分为 3 类：

· 只有我们独自存在。银河系文明是不存在的，因为文明极其罕见，罕见到我们是第一个出现在银河系的文明，甚至可能是宇宙中第一个出现的文明。

· 文明普遍存在，但没有一个文明占领了银河系。出现这种情况的原因可能至少有 3 个。也许星际旅行比我们想象的要困难得多、昂贵得多，而文明无法远离自己的家园。也许它们探索的欲望不同寻常，其他文明要么从未离开过自己的家乡星系，要么在占领银河系的大部分区域之前就停止了探索。最不幸的是，也许许多文明已经出现了，但它们在有能力占领其他星球之前就自我毁灭了。

· 确实存在某个银河系文明，但它还没有向我们透露自己的存在。

我们不知道这些解读中哪一种（如果有的话）是费米悖论的正确解。然而，每种解读对人类都有惊人的影响。

先看第一种解读，即只有我们独自存在。如果这种解是真的，那么我们的文明就是一项了不起的成就。这意味着，在宇宙的整个演化过程中，在无数的恒星系统中，我们是银河系或宇宙中第一个知道宇宙还有其他部分的。通过我们，宇宙获得了自我意识。有些哲学家和许多宗教认为，生命的终极目的是真正拥有自我意识。如果只有我们独自存在，那么我们文明的毁灭及科学知识的丧失代表着宇宙用了大约 140 亿年就得到了这样一个不体面的结局。从这个角度来看，人类更加珍贵，我们文明的毁灭将更加悲惨。

第二种解读对人类的影响更可怕。如果在我们之前的数千个文明都未能实现大规模的星际旅行，那我们还有什么希望？除非我们的思维方式与其他所有文明都不同，否则这个解读意味着我们永远不会在太空中走得很远。因为我们总是在探索机会何时出现，所以这种解读几乎不可避免地导致这样的结果：因为我们自我毁灭，所以终将失败。我们只能希望这个解读是错误的。

第三种解读也许最有趣。它提到我们是银河系文明中的新来者，这个文明在我们之前已存在了数百万或数十亿年。也许这个文明故意暂时不来打扰我们，总有一天它会在适当的时候邀请我们加入。

只要问题得到解答，无论答案是什么，肯定都标志着人类短暂历史上的一个转折点，而且这个转折点很可能会在未来几十年或几百年内到来。我们已经有能力摧毁自己的文明。如果我们这么做了，我们的命运就注定了。但是，如果我们能够存在足够长的时间，能够开发出将我们带到其他星球的技术，那么可能性似乎就无限大了。

## Q5　宇宙中的生命都需要走"进化之路"吗？

到目前为止，我们一直在讨论寻找地球以外宜居星球和生命的前景。然而，我们还没有确切地界定什么是生命，或者如果遇到生命，我们该如何识别。例如，虽然看起来像植物或动物的外星人可能显然是"活着的"，但那些更奇特的生命呢？比如，化学成分与地球上的生命完全不同的生命呢？

虽然对生命我们还没有一个绝对可靠的定义，但科学家已确定了所有生命都必须具备的两个重要特征。首先是繁殖能力，只有具备了这种能力，一个有机体的死亡才不会意味着一个物种的终结。其次是适应环境变化的能力，因为在任何星球上环境变化都是不可避免的，如果不能适应这种变化，生命很快就会消亡。如今，我们将对这两个特征的理解整合到一个单一的、统合的生物学理论中，即进化论。虽然这个理论被广泛误解，但它对理解宇宙中生命的前景非常重要。接下来，我们将仔细研究一些证据，这些证据支持将进化作为我们理解地球及地球以外生命的基础。

"进化"一词的含义是"随时间而变化"。理解这个概念的第一步是区分对进化的观察和进化的理论。对进化的观察主要来自化石记录，当我们考察数百万年来沉积下来的沉积层时，例如大峡谷壁上的沉积层（见图 7-12），我们会发现不同的沉积层包含不同类型的化石。对这些化石的比较表明，古老沉积层中的化石通常比年轻沉积层中的化石更为原始，而且许多来自最近地质年代的化石代表了现存物种已灭绝的祖先。这些观察清楚地表明，生物物种随着时间的推移已经进化。达尔文于 1859 年首次提出进化论，旨在解释这些观察到的变化是如何发生的。从本质上讲，化石记录提供了进化已发生的证据，而达尔文的进化论解释进化是如何发生的。

图 7-12　大峡谷的岩层记录了超过 5 亿年的地球历史

　　达尔文的理论告诉我们，进化是通过一个叫作自然选择的过程进行的。任何物种中的许多个体总是存在细微的差异。如果某个个体拥有某种特性，使其在生存和繁殖方面具有优势，那么这种特性很可能会遗传给后代。我们说自然"选择"了有利的特性，这就是该过程被称为自然选择的原因。随着时间推移，自然选择可以帮助物种的个体更好地争夺稀缺资源。如果物种积累了足够多的新特性，自然选择就会产生一个全新的物种。

## 大量的证据

达尔文收集了大量证据（通过研究化石和生物物种之间的关系，例如研究加拉帕戈斯群岛的动物之间的关系）来证明自己的观点，即自然选择是进化进行的主要机制。从达尔文时代以来的研究只是进一步支持了他的观点，这就是我们称其为进化论的原因。支持进化论的一些最有力的证据来自对DNA的研究，它是地球上所有生命的遗传物质。

如果进化像达尔文所描述的那样发生，生物就必须以某种方式将它们的遗传特性传递给后代，并使这些特性随着时间的推移而多样化。正是DNA使这一切得以发生，而且DNA的发现使科学家理解了进化是如何在分子水平上发生的。生物通过复制DNA并将复制的DNA传递给后代进行繁殖。DNA分子由两条长链组成，这种长链有点像拉链上相互锁扣的链，这两条长链以螺旋形状缠绕在一起，形成双螺旋结构（见图7-13）。

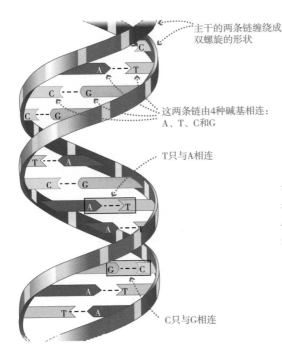

主干的两条链缠绕成双螺旋的形状

这两条链由4种碱基相连：A、T、C和G

T只与A相连

C只与G相连

图 7-13 一小段 DNA 分子

注：DNA分子看起来很像一条扭曲成螺旋形的拉链。重要的遗传信息包含在连接这些拉链的"链齿"中，这些"链齿"就是DNA碱基。图中的DNA分子只用了4种DNA碱基，它们以特定的方式连接两条链：T只与A相连，C只与G相连。颜色编码是任意的，仅用于表示不同类型的化学基团；在主干中，蓝色和黄色分别表示糖基和磷酸基团。

我们对自然选择分子机制的理解为进化论奠定了比以往更坚实的基础。虽然没有任何理论可以被毫无疑问地证明完全正确，但现今的进化论与任何科学理论一样可靠，包括万有引力理论和原子理论。生物学家经常亲眼看见实验室微生物的进化，或者植物和动物因受到某种环境压力在短短几十年内的进化。此外，进化论已经成为几乎所有现代生物学、医学和农业的基础。例如，农业科学家应用自然选择的思想来研究害虫控制策略，既减少有害昆虫的数量，又不损害有益昆虫；医学研究人员在基因与人类相似的动物身上测试新药，因为根据进化论，基因相似的物种应该有类似的生理反应；生物学家通过对比生物的 DNA 研究它们之间的关系。

构成生命体的指令是按照构成 DNA "拉链"相互锁扣部分的 4 种化学碱基的精确顺序写入的。这 4 种化学基在图 7-13 中用字母 A、T、G、C 表示，这 4 个字母是它们化学名称的首字母。这些碱基以某种方式配对，以确保 DNA 分子的两条链中的每一条链都包含相同的遗传信息。通过解开并允许新的 DNA 链与原始链一起形成（新链由细胞内漂浮的化学物质组成），单个 DNA 分子可以产生两个与自身完全相同的 DNA 分子。遗传物质就是这样被复制和传递给后代。

进化之所以发生，是因为遗传信息并不总是能完美地从一代传递到下一代。生物体的 DNA 可能会因偶然的复制错误或外部影响而改变，例如受到太阳紫外线、有毒或放射性化学物质的影响。生物体 DNA 的任何变化都被称为突变。许多突变是致命的，会杀死发生突变的细胞。然而，有些突变可能会提高细胞的生存和繁殖能力，然后细胞将这种改进传递给它的后代。

总而言之，进化论得到了大量证据的支持，并成功解释了我们在化石记录和实验室中观察到的现象。事实上，我们如今理解了分子水平上进行的进化，这使我们对生命如何随时间而变化的模型更充满了信心。也许对于本章的主题来说最重要的是，生命通过遗传给后代的分子变化而进化，这一观点甚至适用于以 DNA 以外的物质作为遗传物质的生物。

因此，我们期望进化论能适用于我们有朝一日可能在其他星球上发现的生命，而这些发现有助于我们进一步完善和改进这一理论。

## 生物宇宙

因为所有生命都必须具备繁殖能力和适应环境变化的能力，所以在任何存在生命的星球上，进化必然是生命多样化的关键。当然，我们并不指望进化在其他星球上会遵循完全相同的进程，而且也不知道地外生命形式是否与地球上的类似，更不知道它们是否会进化出智慧以及太空旅行和星际通信的能力。

尽管如此，我们现在明白，图 7-14 中总结的使地球上的生命成为可能的条件，似乎在整个宇宙中都很普遍。我们可能还不知道生命本身是否也很普遍，但我们离答案越来越近了。无论这个答案是什么，似乎毫无疑问的是，宇宙中的生命与物理宇宙密切相关，这就是宇宙的视角对于理解我们自己的生命如此重要的原因之一。

④ 地球及其上所有的生命主要是
由大质量恒星中核聚变形成的
元素构成的，这些元素被超新
星分散到太空中

大质量恒星的内核温度很高，足以
形成比碳更重的元素

③ 引力将构成星系、恒星和
行星的物质聚集在一起

宇宙中的每一块物质都会
相互吸引

② 早期宇宙量子波纹是后来
生命形成的必要条件。如
果没有这些波纹，物质就
不会聚集成星系、恒星和
行星

我们在宇宙微波背景辐射中观察
到了结构形成的种子

① 构成地球和生命的原子中
的质子、中子和电子是在
大爆炸后最初几分钟内由
纯能量产生的，这使得宇
宙中充满了氢气和氦气

物质可以由能量产生：$E=mc^2$

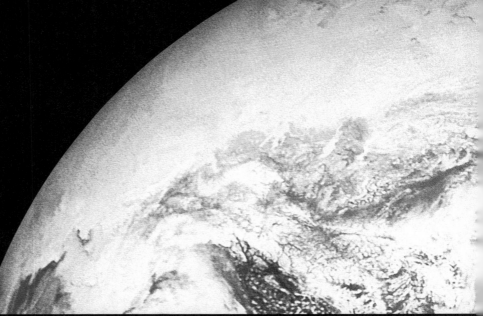

**图7-14　生命宇宙**

注：在这本书中，我们看到，宇宙历史的发展使我们在地球上的存在成为可能。这张图总结了一些重
要的观点，同时引导我们产生这样的疑问：如果生命在地球出现，它难道不应该也出现在许多其他星
球上吗？我们目前还不知道答案，但科学家正在积极探索生命在宇宙中到底是罕见的还是普遍的。

⑤ 银河系足够大，足以保留超新星喷发
出的元素，并将它们循环利用，形成
新的恒星和行星

⑥ 行星可以在新形成的恒星周围的物质
气体盘中形成。地球是由重元素构成
的，这些元素从气体中凝聚成金属和
岩石微粒，然后逐渐吸积形成地球

⑦ 我们知道生命需要液态水，所以我们把恒星
周围的宜居带定义为一个大小适宜的行星表
面可以有液态水的区域

⑧ 早期的生命有足够的时间
进化成包括人类在内的复
杂形式，因为恒星恒温器
使太阳稳定地发光了数十
亿年

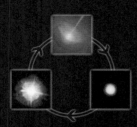

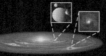

新的元素与星际介质混合，形成
新的恒星和行星

类地行星形成于太阳
星云温暖的内部区域；
类木行星形成于较冷
的外部区域

太阳的宜居带（绿色所示）为金星
轨道以外到火星轨道附近的区域

恒星恒温器使太阳的聚变率
保持稳定

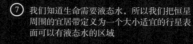

## 要点回顾

**The Cosmic Perspective Fundamentals >>>**

- 宜居星球的 3 个主要条件似乎是营养源、为生命活动提供燃料的能量和液态水。

- 太阳系中至少有 6 颗星球可能有生命存在。

- 行星的表面要宜居，意味着有液态水，也就是它的运行轨道必须在其恒星的宜居带内，恒星宜居带内的温度才可能允许地表海洋存在，行星可能还必须有火山活动、板块构造和磁场。

- 我们并不知道地球以外是否有智慧生命，但德雷克方程给了我们思考这个问题的方法，科学家正在通过地外文明探索寻找来自智慧生命的通信信号。

- 我们希望进化论不仅适用于地球上的生命，还适用于宇宙其他地方的生命。

# 未来，属于终身学习者

我们正在亲历前所未有的变革——互联网改变了信息传递的方式，指数级技术快速发展并颠覆商业世界，人工智能正在侵占越来越多的人类领地。

面对这些变化，我们需要问自己：未来需要什么样的人才？

答案是，成为终身学习者。终身学习意味着永不停歇地追求全面的知识结构、强大的逻辑思考能力和敏锐的感知力。这是一种能够在不断变化中随时重建、更新认知体系的能力。阅读，无疑是帮助我们提高这种能力的最佳途径。

在充满不确定性的时代，答案并不总是简单地出现在书本之中。"读万卷书"不仅要亲自阅读、广泛阅读，也需要我们深入探索好书的内部世界，让知识不再局限于书本之中。

## 湛庐阅读 App: 与最聪明的人共同进化

我们现在推出全新的湛庐阅读 App，它将成为您在书本之外，践行终身学习的场所。

- 不用考虑"读什么"。这里汇集了湛庐所有纸质书、电子书、有声书和各种阅读服务。
- 可以学习"怎么读"。我们提供包括课程、精读班和讲书在内的全方位阅读解决方案。
- 谁来领读？您能最先了解到作者、译者、专家等大咖的前沿洞见，他们是高质量思想的源泉。
- 与谁共读？您将加入优秀的读者和终身学习者的行列，他们对阅读和学习具有持久的热情和源源不断的动力。

在湛庐阅读 App 首页，编辑为您精选了经典书目和优质音视频内容，每天早、中、晚更新，满足您不间断的阅读需求。

【特别专题】【主题书单】【人物特写】等原创专栏，提供专业、深度的解读和选书参考，回应社会议题，是您了解湛庐近千位重要作者思想的独家渠道。

在每本图书的详情页，您将通过深度导读栏目【专家视点】【深度访谈】和【书评】读懂、读透一本好书。

通过这个不设限的学习平台，您在任何时间、任何地点都能获得有价值的思想，并通过阅读实现终身学习。我们邀您共建一个与最聪明的人共同进化的社区，使其成为先进思想交汇的聚集地，这正是我们的使命和价值所在。

# CHEERS

## 湛庐阅读 App
## 使用指南

### 读什么
· 纸质书
· 电子书
· 有声书

### 怎么读
· 课程
· 精读班
· 讲书
· 测一测
· 参考文献
· 图片资料

### 与谁共读
· 主题书单
· 特别专题
· 人物特写
· 日更专栏
· 编辑推荐

### 谁来领读
· 专家视点
· 深度访谈
· 书评
· 精彩视频

## HERE COMES EVERYBODY

下载湛庐阅读 App
一站获取阅读服务